KB047915

카슨이 들려주는 생물 농축 이야기

카슨이 들려주는 생물 농축 이야기

초판 1쇄 발행일 | 2011년 3월 30일
초판 10쇄 발행일 | 2021년 5월 31일

지은이 | 심규철
펴낸이 | 정은영
펴낸곳 | (주)자음과모음

출판등록 | 2001년 11월 28일 제2001-000259호
주 소 | 04047 서울시 마포구 양화로6길 49
전 화 | 편집부 (02)324-2347, 경영지원부 (02)325-6047
팩 스 | 편집부 (02)324-2348, 경영지원부 (02)2648-1311
e-mail | jamoteen@jamobook.com

ISBN 978-89-544-2220-8 (44400)

• 잘못된 책은 교환해드립니다.

카슨이 들려주는

생물 농축 이야기

| 심규철 지음 |

(주)자음과모음

환경을 생각하는 청소년을 위한 '생물 농축' 이야기

과학자들은 인간의 안락한 생활을 위해 유용한 과학적 산물을 끊임없이 개발합니다. 그러나 인간에게 많은 이익을 가져다줄 것으로 기대했던 화학 물질들이 생태계에 악영향을 미치거나 생각지도 못했던 문제들을 발생시키기도 하지요.

이 책은 이러한 화학 물질들이 먹이 사슬을 따라 이동하면서 생명체 내에 쌓여 동식물에게 피해를 입히는 생물 농축 현상에 대해 이야기하고자 합니다.

환경 운동의 어머니라 불리는 카슨은 그녀가 출간한 《침묵의 봄》이라는 책을 통해 이러한 생물 농축 현상에 대한 심각성을 설명하였습니다. 그녀는 감염병(전염병)으로부터의 해방을 위해 만들어진 살충제가 인간에게 미치는 악영향을 강조했을 뿐만 아니라 자연의 아름다움과 안정한 생태계의 중요성을 일깨워 주었습니다.

또한 카슨은 우리 주변에 만연한 대부분의 환경 문제가 인간에 의해 발생하며, 결국 인간에게 가장 큰 피해로 되돌아올 것이라고 강조했습니다.

우리는 이러한 화학 물질들의 생물 농축 현상을 이해함으로써 인간의 행동과 환경의 관계에 대해 다시 한번 생각해 보고, 지금까지 자연에 해 왔던 행동들을 뒤돌아보며 반성하는 시간을 가져야 할 것입니다.

마지막으로 생물 농축 현상의 과학적 원리를 이해하고, 생태계 내에서 활용할 수 있는 방법을 알아봄으로써 과학 지식의 긍정적인 면까지 살펴볼 수 있기를 기대해 봅니다.

심 규 철

차례

부록

첫 번째 수업

1

부화하지 않는 갈매기의 알

무심코 지나칠 수 있는 적은 양의 환경 오염 물질이
우리에게 어떤 영향을 미칠 수 있는지 알아봅시다.

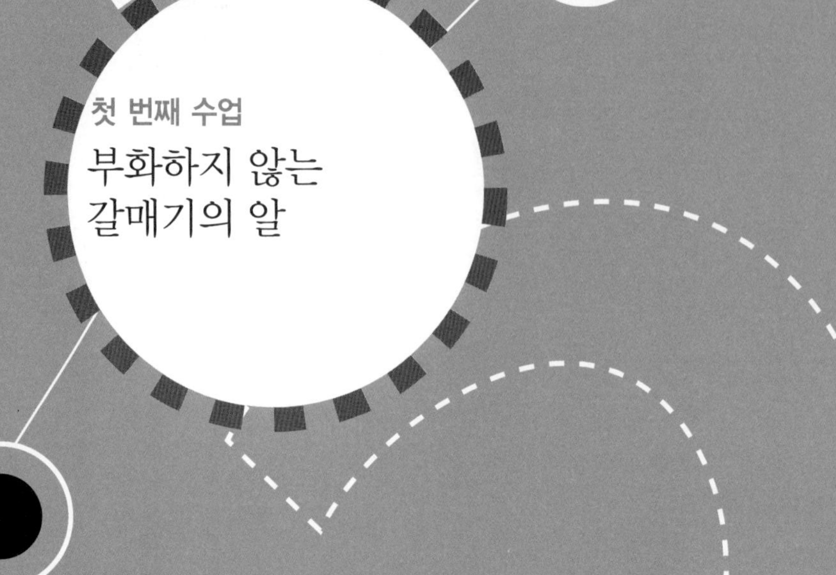

1

첫 번째 수업

부화하지 않는 갈매기의 알

교과 연계.

초등 과학 6-1	4. 생태계와 환경
중등 과학 1	4. 생물의 구성과 다양성
고등 과학 1	5. 인류의 건강과 과학 기술
고등 생물 Ⅰ	9. 생명 과학과 인간 생활

카슨이 학생들 앞으로 나아가 자신을 소개하며 첫 번째 수업을 시작했다.

자연을 사랑한 카슨

여러분, 안녕하세요? 나는 미국의 해양 생물학자이자 환경 운동가인 레이첼 카슨(Rachel Carson, 1907~1964)이에요. 환경과 관련된 여러 권의 책도 써서 과학 작가이기도 하지요. 또 사람들은 나를 '환경 운동의 어머니' 라고 부르기도 한답니다.

그래서 미국 환경보호국(Environmental Protection Agency)과 여러 환경 시민 단체에서는 내 이름을 딴 '레이

첼 카슨 센스 오브 원더(Sense of Wonder)' 상을 제정하여 시, 수필, 사진, 춤 등을 통해 자연의 경이로움을 잘 표현하는 사람에게 주고 있기도 합니다. 나로서는 매우 기쁘고 감사한 일이지요!

나는 미국의 작은 농장에서 태어나 자랐습니다. 그래서 집 주위의 숲이나 샘, 초원 등 모든 자연이 나의 놀이터였죠. 그 덕분에 나는 누구보다 자연 환경의 소중함을 잘 알게 되었어요. 자연 속에서 노는 것뿐만 아니라 책을 읽고 글을 쓰는 것도 좋아했습니다.

되성부른 나무는 떡잎부터 알아본다고 하지요? 나는 10살이 되던 해에 토끼, 올빼미, 생쥐, 개구리 등의 동물과 관련된 이야기를 써서 동화책을 출간하기도 했답니다. 한마디로 말해서 어린이 작가였던 셈이죠, 호호호. 그 이후로도 쭉 자연을 사랑하고 글 쓰는 것을 좋아해서 자연스럽게 과학 작가로 성장하게 되었습니다.

나는 대학에서 해양생물학을 전공한 후에 어류 및 야생 동물을 관리하는 정부 기관에서 일하게 되었습니다. 그곳에서 나는 몇 권의 책을 출간하였고, 그로 인해 환경에 대한 관심과 사랑이 극에 달하게 되었지요.

그러던 어느 날 오랜 친구로부터 한 통의 편지를 받았는데, 그 편지가 내 인생을 송두리째 바꿔 놓게 되었습니다.

생물 농축 현상의 발견

친구로부터 받은 편지에는 DDT(dichloro-diphenyl-trichloroethane)라는 살충제가 미국 매사추세츠 조류 보호소에 있는 새들의 떼죽음을 일으켰다는 내용이 들어 있었어요. 그때부터 나는 DDT를 포함한 모든 살충제가 환경에 미

치는 영향을 알아보기 위한 조사에 착수했습니다.

카슨은 한 마리의 새가 하늘을 날고 있는 사진을 들고 와서 학생들에게 보여 준 후, 자신이 바닷가에서 경험했던 갈매기 사건을 설명하기 시작했다.

내가 들고 있는 이 사진 속 새의 이름은 무엇일까요?

__ 갈매기요.

네, 맞아요. 바다 위를 멋지게 날아다니는 갈매기예요. 여러분 혹시 갈매기살을 파는 고깃집을 본 적이 있나요?

__ 네? 갈매기를 먹다니, 너무 징그러워요!

호호호, 나는 여러분이 그렇게 생각하고 있을 줄 알았어요. 하지만 고깃집에서 파는 갈매기살은 하늘을 날아다니는 갈매기의 살이 아니랍니다. 돼지 몸속의 한 부분을 가리키는 말이지요. 정확히 말하면 간과 가로막 사이의 살이에요. 그러니까 갈매기살은 갈매기 고기가 아니라 돼지고기라는 거죠. 이제 징그럽게 생각하지 않고 갈매기살을 마음껏 먹을 수 있겠죠?

그런데 여기 갈매기를 먹는 것보다 더 슬픈 갈매기 이야기가 있답니다. 마음을 가다듬고 한번 들어보세요.

친구의 편지를 받기 얼마 전 나는 바닷가를 거닐다가 갈매기 둥지를 발견하였어요. '아하! 귀여운 새끼 갈매기를 볼 수 있겠구나!' 라는 기대를 갖고 둥지에 다가갔습니다. 그런데 둥지에는 깨져 있는 갈매기의 알껍데기만 있었어요. 둥지 주위를 여기저기 살펴보아도 귀여운 새끼 갈매기를 발견하기는 어려웠죠. 나는 '새끼 갈매기들이 벌써 자라서 날아간 것일까?' 라는 생각을 하고 집으로 돌아왔습니다.

하지만 친구의 편지를 통해 새끼 갈매기가 스스로 알을 깨고 둥지를 떠난 것이 아니라, 무언가에 의해 깨져서 부화하기도 전에 모두 죽었다는 사실을 알게 된 것이지요.

그날의 일이 다시 생각난 카슨은 이내 슬픈 표정을 지었다. 그리고 한참 동안 말을 잇지 못하다가 크게 심호흡을 한 후에 이야기를 계속 이어갔다.

나는 며칠 후 다시 둥지를 찾아갔습니다. 그리고 둥지 속을 좀 더 자세히 들여다본 후에, 내 눈을 의심하지 않을 수가 없었어요. 깨진 알껍데기 사이로 눈이 제대로 생기지 못하거나 부리가 뒤틀린 상태로 죽어 있는 새끼 갈매기들을 보았기 때문입니다. 도대체 이렇게 비극적인 일이 왜 생겼을까요? 난 그날의 충격이 아직도 잊혀지지 않는답니다.

나는 '이러한 일들이 갈매기에만 그치지 않고, 다른 동물이나 사람에게까지 일어날 수 있지 않을까?' 라는 무서운 생각이 들었어요. 그 후 나는 4년 반 동안 생물학자, 화학자, 유전학자, 법률가 등의 전문가들로부터 필요한 자료를 수집하여 연구를 했습니다. 그래서 DDT와 같은 살충제가 야생 동물을 병들게 하고, 사람이 기르는 애완동물에게까지 영향을

준다는 것을 알아냈답니다. 그뿐만 아니라 사람에게는 관절염, 면역 능력 감퇴, 심장 발작을 비롯해 심할 경우 암 등의 건강 문제를 유발할 수 있다는 것도 발견했어요.

그럼 자연에 방출된 화학 물질들이 동물과 사람에게 피해를 입히는 과정을 미국 뉴욕 근처의 한 호수에서 조사한 연구 결과를 통해 알아보도록 합시다.

한 과학자가 호수의 수중 생태계에 존재하는 살충제인 DDT의 양을 조사하였습니다. 그는 호수의 물, 식물 플랑크톤, 동물 플랑크톤, 작은 물고기, 큰 물고기, 물수리의 몸속에 존재하는 DDT의 양을 조사했습니다. 그 결과 물속에 존재하는 것보다 물수리의 몸속에 축적된 DDT의 양이 무려 20만 배가 더 많다는 사실을 알아냈습니다.

그리고 DDT가 새의 몸에 축적되면 새가 낳은 알의 껍데기 두께가 얇아져서 잘 깨지고, 새끼들도 제대로 성장하지 못한다는 사실도 알아냈지요.

실제로 내가 본 갈매기 알을 조사한 결과 물속보다 6천 2백만 배가 넘는 양의 DDT가 축적되어 있는 것으로 확인되었습니다. 살충제로 사용한 DDT가 바다로 흘러간 후 물속에 있는 플랑크톤으로부터 먹이 사슬을 따라 이동하면서 최종 소비자인 갈매기의 몸속에 축적된 것이지요.

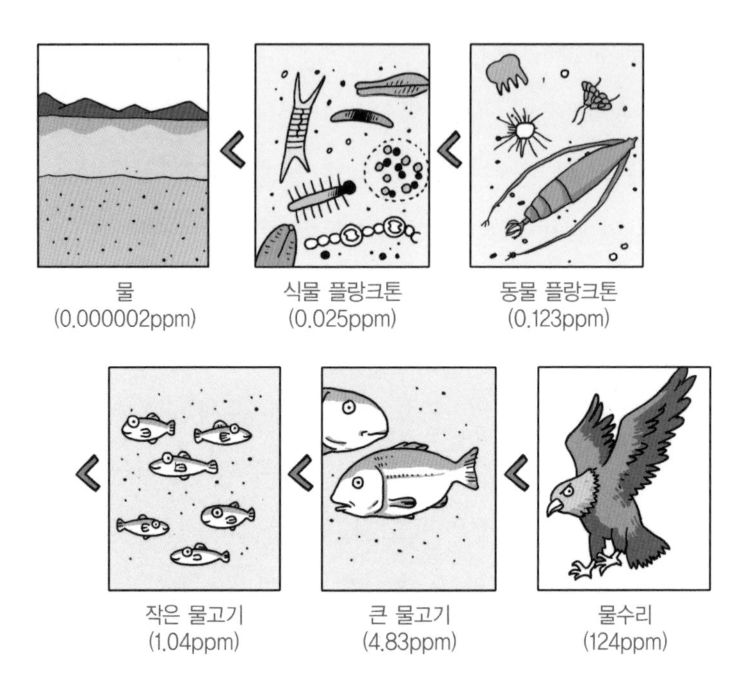

수중 생태계에 존재하는 DDT의 양

먹이 사슬이란 동식물 간의 먹고 먹히는 관계를 사슬 모양으로 나타낸 것입니다. 예를 들어 물속의 식물 플랑크톤을 동물 플랑크톤이 먹고, 동물 플랑크톤을 빙어가 먹고, 빙어를 송어가 먹고, 송어를 갈매기가 먹는 관계를 사슬 모양으로 나타낸 것이지요. 먹이 사슬을 포함한 동식물 간의 먹이 관계에 대한 설명은 뒤에 더 자세히 설명하겠습니다.

이러한 먹이 사슬을 따라 갈매기까지 이동한 DDT의 농도

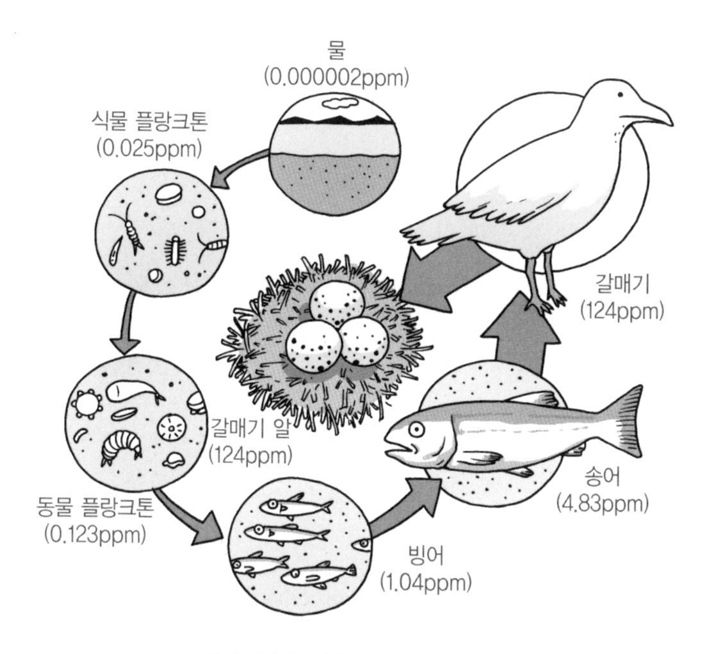

먹이 사슬을 따라 이동한 DDT의 양

가 갈매기 알의 DDT 농도와 같다는 것은 어미 갈매기의 몸속에 농축된 DDT가 갈매기 알에게 그대로 전달되었다는 것을 뜻하는 것이지요.

이렇듯 특정 물질이 먹이 사슬을 따라 이동하면서 동물의 몸속에 축적되는 현상을 생물 농축이라고 해요. 생물 농축 현상으로 갈매기의 몸속에 축적된 DDT가 알에게 전달되어 알 속의 새끼들이 정상적으로 자라지 못하는 과정이 반복된

다면 갈매기의 수가 점점 줄어들게 될 거예요. 더 심각한 것은 이러한 생물 농축 현상이 비단 갈매기에게만 나타나는 것이 아니라는 겁니다.

다음 시간에는 갈매기 알을 부화하지 못하게 한 직접적인 원인인 DDT와 그로 인한 환경 문제의 경각심을 일깨워 준 나의 저서인 《침묵의 봄》에 대해 알아보겠습니다.

과학자의 비밀노트

DDT(dichloro-diphenyl-trichloroethane)

DDT는 전 세계적으로 널리 쓰였던 살충제 중 하나이다. 1874년 처음으로 합성되었으나, 1939년까지 곤충에게 독성을 준다는 사실은 밝혀지지 않았다. 스위스의 화학자 뮐러(Paul Müller, 1899~1965)가 DDT의 살충 능력을 처음 발견한 이후에 제2차 세계 대전 때 말라리아, 티푸스를 일으키는 모기의 박멸, 군대와 민간에서 질병을 일으키는 여러 곤충을 퇴치하는 데 사용되었다. 전쟁이 끝나고 DDT는 농업 분야에서 살충제로 쓰이게 되었으며 그 이후 병충해를 막기 위해 널리 사용되었다. 그러나 DDT는 자연 환경에서 잘 분해되지 않아 먹이 사슬을 따라 축적되어 동물뿐만 아니라 사람에게까지 피해를 줄 수 있다는 사실이 알려지면서 현재에는 사용을 엄격히 제한하고 있다. 그러나 몇몇 나라에서는 아직도 주요 농약의 하나로 사용하고 있다.

만화로 본문 읽기

선생님, 이것 좀 보세요. 갈매기 새끼들이 눈이 제대로 생기지 못한 채로 죽어 있어요.
안타깝게도 사람들이 해충을 잡기 위해 뿌린 화학 살충제 때문에 이렇게 된 것 같군요.
DDT에 오염된 바다

사람들이 갈매기들을 이렇게 만들었다고요?
사람에게 이로움을 가져다줄 것이라 기대했던 DDT와 같은 살충제가 야생동물을 병들게 한 것이지요.
이제 말라리아와 티푸스를 일으키는 모기나 해충들을 퇴치할 수 있어!
DDT
DDT
뮐러

DDT는 살충 효과가 높아서 1970년대 이전까지 전 세계적으로 널리 쓰였지만 그 위험성이 밝혀지고 난 지금은 대부분의 국가에서 사용 금지하도록 되어 있답니다.
그런데 과거에 뿌린 살충제가 어떻게 지금 갈매기 알에게까지 피해를 입힌 걸까요?
사용 금지
DDT

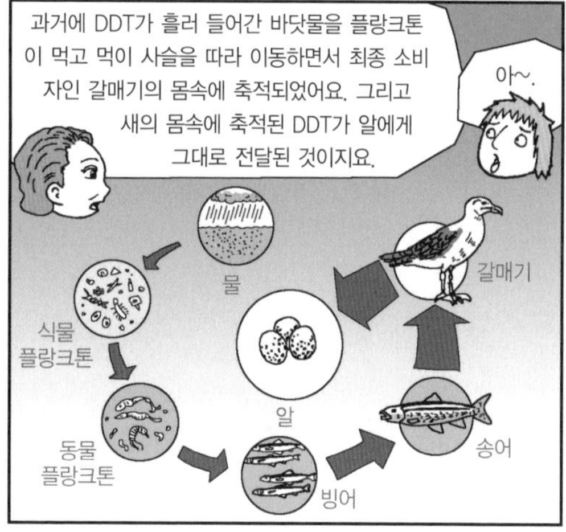
과거에 DDT가 흘러 들어간 바닷물을 플랑크톤이 먹고 먹이 사슬을 따라 이동하면서 최종 소비자인 갈매기의 몸속에 축적되었어요. 그리고 새의 몸속에 축적된 DDT가 알에게 그대로 전달된 것이지요.
아~.
물
식물 플랑크톤
동물 플랑크톤
알
빙어
송어
갈매기

이러한 생물 농축 현상으로 갈매기 새끼들이 태어나지 못해 갈매기의 수가 점점 줄어들게 되었어요.
그렇군요. 그런데 동물들에게 위험하다면 사람에게도 위험하지 않을까요?
생물 농축 현상: 특정 화학 물질이 먹이 사슬을 따라 고차 소비자로 이동하면서 몸속에 축적되는 현상

물론 그렇죠. 사람에게는 관절염, 면역 능력 감퇴, 심장 발작을 비롯해 심하면 암 등의 건강 문제를 유발할 수 있답니다.
아~, DDT는 정말 위험한 발명품이군요.
아이고 무릎이야.
관절염 때문에…

두 번째 수업 2

DDT와 침묵의 봄

DDT의 특징을 알아보고, 《침묵의 봄》을 통해 DDT가 동식물과 사람에게 어떤 영향을 미치는지 살펴봅시다.

2

두 번째 수업

DDT와 침묵의 봄

교. 과. 연. 계.	초등 과학 6-1 고등 생물 Ⅰ 고등 화학 Ⅰ	4. 생태계와 환경 9. 생명 과학과 인간의 생활 1. 우리 주변의 물질 2. 화학과 인간

카슨이 노벨상에 대한 이야기로 두 번째 수업을 시작했다.

DDT와 노벨상

여러분은 노벨상에 대해서 들어본 적이 있지요?

__ 네!

노벨상은 스웨덴의 기업가 알프레드 노벨(Alfred Nobel, 1833~1896)이라는 사람이 제정했으며, 해마다 물리학, 화학, 생리학 등 6개 부문에서 세계적으로 가장 큰 공헌을 한 사람에게 주는 국제적인 상입니다.

화학자이자 발명가인 노벨은 폭약으로 사용되는 다이너마

이트를 발명했어요. 그 덕분에 노벨은 많은 돈을 벌게 되었지만 다이너마이트가 군사적으로 사용되는 것 때문에 마음이 좋지 않았다고 해요. 그러던 어느 날 그의 형 루드비히 노벨(Ludvig Nobel, 1831~1888)이 죽었습니다. 그때 프랑스의 한 신문에 실수로 알프레드 노벨이 죽었다는 기사가 실리게 되었어요. 그런데 사람들은 그 기사를 보고 알프레드 노벨이 잘 죽었다며 '더러운 상인' 이라고 수군거렸고, 알프레드 노벨도 그 이야기를 듣고 맙니다.

사람들이 그렇게 말한 이유는 노벨이 다이너마이트를 만들

어서 큰돈을 벌었기 때문이에요. 노벨은 다른 사람들이 자신에 대해 살상 도구로 쓰이는 폭약을 이용하여 돈을 벌었다며 욕한다는 것을 알고 큰 충격에 빠졌습니다.

그래서 그는 죽으면서 세계의 과학자 중에서 뛰어난 연구 업적을 만들어 인류 복지에 가장 크게 공헌한 사람들에게 나누어 주도록 그의 대부분의 재산을 스웨덴의 왕립과학아카데미에 기부하였습니다. 그 후 스웨덴 왕립과학아카데미에서는 독창적이며 인류에 큰 기여를 한 연구 또는 발명이 있을 경우 그 아이디어를 가장 처음 생각하여 업적을 쌓은 사람에게 노벨상을 주고 있답니다.

최초의 노벨상 수상자는 베링(Emil Behring, 1854~1917)이라는 세균학자였습니다. 그는 소아기 질병인 디프테리아 치료 방법을 개발한 공로로 1901년 노벨 생리 의학상을 수상하게 되었지요. 최초의 항생제인 페니실린을 개발한 플레밍(Alexander Fleming, 1881~1955)도 노벨상 수상자랍니다.

그런데 특이한 것은 DDT를 개발한 뮐러(Paul Müller, 1899~1965)도 노벨상을 수상하였다는 사실입니다. 생물 농축 현상을 일으켜 생태계를 파괴하는 물질인 DDT를 개발하였다는 업적으로 말이죠.

더욱이 놀라운 사실은 DDT를 가장 처음 개발한 사람이

과학자의 비밀노트

노벨상

다이너마이트의 발명가인 스웨덴의 알프레드 노벨의 유언에 따라 인류의 문명 발달에 학문적으로 기여한 사람에게 주어지는 상이다. 노벨상은 1901년부터 수여되었으며, 물리학상, 화학상, 생리 의학상, 문학상, 평화상은 처음부터 수여되었으나 경제학상은 1969년 스웨덴 은행에 의해 제정되었다. 노벨 평화상을 제외한 5개의 상은 스웨덴의 스톡홀름에서 수여되지만 노벨 평화상은 노르웨이 오슬로에서 수여된다. 노벨상은 세계에서 권위 있는 상들 중 하나로 독창성을 중시한다. 그리고 노벨상은 살아 있는 사람에게만 주어지고, 아무리 위대한 업적을 남겼어도 죽은 다음에는 받을 수 없다.

뮐러가 아니라는 것입니다. 바로 독일의 화학자 자이들러(Othmar Zeidler, 1859~1911)였지요. 그는 1874년 처음으로 DDT를 합성하는 데 성공했습니다. 하지만 그 당시에는 사람들의 관심을 끌지 못했답니다.

1899년 스위스에서 태어난 뮐러는 스위스 바젤 대학에서 박사 학위를 받으며 식물학과 물리화학을 공부했습니다. 그 후 화학 연구원으로 일하면서 살충제에 관심을 갖게 되었어요. 그는 곤충에게는 독성 효과가 높지만 식물이나 다른 동물에게는 거의 독성이 없으면서도 가격이 싼 살충제를 만들기 위해 많은 연구를 했습니다.

그러던 어느 날 뮐러는 DDT 화합물이 곤충의 몸에 닿으면 곤충이 죽는다는 사실을 알게 되었습니다. 이어서 DDT가 파리와 다른 곤충에게도 살충제로서의 효능이 있다는 것을 발견했어요. 그리고 1941년 스위스에 많은 피해를 입혔던 콜로라도 감자 딱정벌레를 DDT를 이용해 성공적으로 퇴치함으로써 효능이 입증되기 시작했습니다. DDT는 매우 효과적으로 곤충을 죽일 뿐만 아니라 사람에게 독성이 없는 것으로 판단되었기 때문에 곧 널리 보급되었습니다.

DDT는 병을 옮기는 모기, 벼룩, 이 등을 없애 말라리아, 티푸스 등의 질병을 예방하는 데 널리 쓰이게 되었어요. 특히 제2차 세계 대전 중에는 수천만 명의 군인과 피난민, 포로들의 몸에서 이를 없애기 위해 사용하기도 했답니다. 제1차 세계 대전 때는 티푸스를 옮기는 이 때문에 5백만 명 이상의 사람이 목숨을 잃었는데, 제2차 세계 대전 때는 사람들의 몸에 DDT를 듬뿍 뿌림으로써 많은 사람들의 생명을 구하게 된 것이지요. 그 당시에는 DDT로 인한 어떤 해로운 증상도 나타나지 않아 무해하다고 믿었습니다.

사람들은 총알보다 더 무섭게 생명을 앗아간다는 티푸스를 예방하게 해 준 DDT의 가치를 높이 평가하였습니다. 그 업적으로 뮐러는 1948년에 노벨 생리 의학상까지 수상하게 되었지요. 뮐러가 노벨상을 받은 후 DDT는 아프리카나 동남아시아와 같이 더딘 경제 발전으로 비위생적인 환경 때문에 감염병(전염병)의 위험이 높은 지역에 널리 쓰이게 되었습니다. 모두들 질병으로부터 인류를 구하게 되었다고 좋아했지요. 한국에도 1950년대에 들어서 도시 농촌 할 것 없이 DDT가 널리 사용되었습니다.

그러나 1960년대가 지나면서 DDT의 문제점이 하나 둘 나타나기 시작했습니다. 자연 환경에서 쉽게 분해되지 않는 DDT가 물이나 토양 또는 곤충의 몸에 축적되어 있다가 먹이 사슬을 통해 생태계 전체로 퍼져 나가 생태계를 파괴시킨다는 것을 알게 된 것입니다.

DDT가 해충만 없애는 것이 아니라 우리에게 이로운 다른 곤충까지 사라져 버리게 해서 곤충 전체의 수가 줄어들게 되었습니다. 그뿐만 아니라 해충이 살충제에 대한 저항력을 키워 결과적으로 해충이 더 증가하게 되는 사태가 발생하게 된 것이지요.

DDT로 인한 많은 사건 가운데, 살충제를 잘못 사용하면

짧은 시간 내에 생태계뿐만 아니라 인류에도 커다란 피해를 줄 수 있다는 교훈을 준 유명한 사건이 있습니다. 일명 '보르네오 섬 사건' 이라고 하는데요, 잘 들어보세요.

인도네시아 보르네오 섬에서는 말라리아를 전파시키는 모기를 없애기 위해 DDT를 섬 전체에 뿌렸습니다. 그 덕분에 모기가 없어져 더 이상 말라리아에 걸리지 않게 되었지요. 그런데 어느 날부턴가 이 지역에 서식하는 도마뱀이 활기를 잃고, 고양이의 수가 점점 줄어들기 시작했어요. 그래서 그 원인을 조사해 보았더니 몸속에 축적된 DDT 때문이라는 결과가 나왔습니다.

DDT는 말라리아모기를 없애는 데에는 큰 효과를 보였지만, 모기보다 몸집이 큰 바퀴벌레는 없앨 수 없었어요. 그런

과학자의 비밀노트

말라리아모기

학질모기 또는 중국얼룩날개모기라고도 한다. 말라리아는 말라리아 병원충이 사람의 몸에서 자라면서 나타나는 감염병으로, 말라리아 병원충이 말라리아모기의 침샘에 기생하고 있다가 모기가 사람을 물었을 때 사람의 혈액 안으로 들어간다. 병원충은 사람의 혈액을 타고 간으로 들어가서 성장하며, 2주~수개월 후 잠복기가 끝나면 적혈구로 침입하여 오한, 두통, 구토 등의 증상을 나타나게 한다.

데 바퀴벌레가 DDT를 흡수하고, 바퀴벌레를 잡아먹은 도마뱀의 몸속에 DDT가 쌓이게 된 것이지요. 그래서 도마뱀이 활기를 잃었던 거예요. 결국 도마뱀을 잡아먹은 고양이의 몸에 더 많은 양의 DDT가 농축되어 신경계 이상으로 죽게 된 것입니다.

보루네오 섬의 재앙은 여기서 그치지 않았습니다. 도마뱀의 활동이 무기력해지면서 도마뱀이 나방을 잡아먹지 못하게 되자 나방 유충의 수가 급격히 늘어났습니다. 늘어난 나방의 유충은 주택의 지붕을 갉아먹어 주택을 망치게 하는 주

범으로 사람들에게 많은 피해를 입혔습니다.

DDT로 인해 생긴 이러한 생태적 재앙은 그 이후에도 계속해서 발견되었답니다. 그리고 DDT가 사람 몸에 농축되면 신경계 손상, 간암, 뇌종양, 뇌출혈, 고혈압 등의 질병을 유발한다는 것이 알려지게 되었습니다.

이러한 사실이 알려진 뒤 미국 정부에서는 1972년부터 DDT 사용을 완전히 금지했습니다. 결국 1970년대 중반 대부분의 국가에서 DDT의 생산과 사용을 금지시키게 되었지요. 한때는 인류의 생명을 구하는 데 일등공신으로 인정받았던 DDT가 이제는 동식물은 물론 인간까지 위협하는 존재가

되어 버린 것입니다. 이것은 DDT 화합물의 개발자인 뮐러 조차도 알지 못했던 사실입니다.

인간에 의해 만들어진 화학 물질의 해로운 영향은 대부분 우리가 모르는 사이에 찾아옵니다. 왜냐하면 여러 가지 물질이나 생물에 의한 환경 피해가 쉽게 눈에 띄지 않을 뿐만 아니라 국가나 기업, 그리고 일반 사람들까지 위험성을 알기까지는 상당한 시간이 걸리기 때문입니다.

나는 DDT의 해로운 점과 환경 문제에 대한 경각심을 일깨워 생태계를 보호하는 것이 인류를 구하는 방법이라는 것을 알리기 위해 《침묵의 봄(Silent Spring)》이라는 책을 출간했어요. 이 책에서 나는 DDT를 20세기 최악의 아이디어 100가지 중 하나로 선정하였고, 환경보호국을 만들어 해로운 살충제의 사용을 금지시키는 운동을 하기도 하였습니다.

하지만 나를 비롯한 환경 운동가들과 여러 환경 단체의 노력에도 불구하고 아직도 아프리카나 동남아시아의 빈곤한 국가들은 티푸스, 말라리아와 같은 감염병을 예방하기 위해 DDT를 사용하고 있습니다. 오랫동안 전 세계적인 환경 운동을 통해 생태계 보호를 외쳤지만, 그 위험들은 아직도 완전히 해결되지 않고 남아 있으니 안타까울 따름입니다.

침묵의 봄

나는 앞서 언급한 《침묵의 봄》이라는 책의 내용을 소개하고자 합니다. 바로 나의 환경 운동의 시작을 알리는 계기가 되었던 책입니다.

나는 1962년 6월에 이 책의 요약판을 〈뉴요커〉라는 잡지에 먼저 게재하였습니다. 그때부터 많은 사람들이 《침묵의 봄》의 내용에 관심을 갖기 시작했지요.

기사가 나오자마자 시민들과 몇몇 과학자들, 심지어 백악관에서도 찬사가 쏟아졌습니다. 그래서 나는 잡지에 게재한 내용을 묶어서 책을 출간하였습니다. 이 책은 DDT나 BHC (benzene hexachloride) 같은 살충제가 생물에게 주는 피해에 대해 경고하는 내용을 담고 있습니다.

살충제와 같이 독성이 강한 물질은 사용하지 말아야 하며, 꼭 필요해서 사용해야 한다면 가능한 한 적은 양을 사용해야 한다는 내용을 담고 있습니다. 이 책의 내용은 모든 생물들이 주위의 환경과 조화를 이루며 살아가는 한 마을에 닥친 죽음과 파괴에 대한 에피소드를 다루고 있는데, 그 첫머리를 살펴보면 다음과 같습니다.

내일을 위한 우화

미국의 어느 산간 지방에 모든 생명체가 주변 환경과 조화를 이루며 살아가는 마을이 하나 있었다. 이 마을은 다양한 새들의 노랫소리로 유명했으며, 봄과 가을에는 철새 무리가 떼 지어 날아가는 모습을 보려고 사람들이 멀리서부터 찾아오곤 했었다. 하천에는 산으로부터 내려온 차갑고 맑은 물이 넘쳐흘렀으며, 물고기를 잡으려는 사람들의 발길이 끊이지 않았다.

그런데 어느 날 갑자기 낯선 병이 이 마을을 뒤덮어버리더니 모든 것이 변하기 시작했다.

이 마을은 어떤 나쁜 마술에 걸린 것처럼 병아리 떼가 갑자기 원인 모를 병에 걸렸고, 소나 양들이 죽어 갔다. 사방에 죽음의 그림자가 드리워진 듯했고, 자연은 소름이 끼칠 정도로 조용했다.

그처럼 즐겁게 재잘거리며 날던 새들은 다 어디로 갔는가? 봄은 왔는데 침묵만이 감돌았다. 울새, 비둘기, 굴뚝새 또 다른 수많은 새들의 노랫소리와 더불어 새벽이 밝아 오곤 했는데, 이제는 저 들판과 숲, 늪 위에 죽음의 정적만이 깔려 있을 뿐이다.

이렇듯 새 생명 탄생의 소리를 들을 수 없게 된 침묵의 세계는 어떤 사악한 마술도 아니고 적의 침입을 받은 것도 아니었다. 바로 인간들 자신이 만든 것이다.

미국의 끝없이 넓은 땅에 약동하는 봄의 소리를 침묵시킨 것의 정체는 무엇일까? 그 정체를 밝혀내기 위해 이 책을 쓴다.

평화롭고 생명력 넘치던 마을이 왜 모든 것이 죽고 병들어 가며 파괴되었을까요? 지저귀는 새들로 시끄러워야 하는 봄이 찾아왔으나 아무도 생명의 소리를 들을 수 없는 '침묵의

봄' 이 찾아온 이유는 무엇일까요? 이 마을이 이렇게까지 파괴된 이유는 그곳에 있는 사람들 스스로가 만든 재앙 때문이었습니다.

이 책에서 나는 인간이 자신들에게 해로운 몇 종류의 곤충과 잡초들을 제거할 목적으로 환경에 대한 정확한 이해 없이 뿌린 화학 살충제가 해충과 잡초뿐만 아니라 자연 생태계 전체에 악영향을 미친다는 것을 경고하였습니다. 그 유독한 물질이 대기, 토양, 강, 바다 및 먹이 사슬을 거쳐 인간에게까지 해를 입히게 된다는 것을 말이죠.

그 물질이 먹이 사슬을 통해 자신들에게 어떤 피해를 입힐 수 있을지 생각해 보지도 못한 채 많은 사람들이 무분별하게 화학 살충제를 뿌렸다는 것입니다.

그래서 나는 '화학 살충제를 결코 사용해서는 안 된다' 라는 것이 아니라, '독성이 있고 생화학적으로 악영향을 미칠 수 있는 화학 살충제를 충분한 이해 없이 마구 뿌리면 안 된다' 라고 설명했습니다.

또한 무분별한 화학 살충제의 사용으로 특정 물질들이 사람의 신체 조직에 들어오게 되면 조직을 죽게 하거나 나쁘게 변화시킬 수 있다는 것과 그중 대표적인 것이 DDT라는 것을 강조했습니다. 인간이 끊임없이 개발하고 있는 화학 물질

들이 때로는 다양한 부작용을 유발하여 환경과 동식물을 비롯해 결국에는 우리에게 큰 재앙으로 돌아올 수 있다는 사실을 반드시 명심해야 합니다.

하지만 이 책이 살충제에 대한 극히 부정적인 면만 부각시켰다는 비판도 이어졌습니다. 우선 미국 농무부(미국에서 농업 정책을 관장하는 연방 정부 기관) 내의 관리들은 《침묵의 봄》에서 주장하는 내용에 대해 아주 분개했으며, 살충제를 생산하는 기업에서도 아직 검증도 되지 않은 것을 마치 사실처럼 쓴 편파적인 내용이라며 맹렬히 비난했습니다.

책이 출간되기 전 한 화학 회사에서는 만약 이 내용을 책으로 출판할 경우 명예 훼손으로 고소하겠다는 내용의 협박성 편지를 내게 보내기도 했답니다. 이런 협박과 항의에도 불구하고 나는 예정대로 1962년 9월《침묵의 봄》을 출판했고, 그 해 가을에 60만 부가 팔리며 베스트셀러 1위에 오르는 기염을 토하게 되었습니다. 많은 사람들이 환경 문제에 대해 관심을 갖게 되었다는 사실에 난 무척이나 기뻤답니다.

《침묵의 봄》에서 경고하는 내용을 전해 들은 미국의 케네디(John Kennedy, 1917~1963) 대통령은 과학자문위원회를 만들어 살충제의 사용 실태에 대한 조사에 착수하도록 지시를 내렸어요. 뒤이어 케네디 대통령은 살충제 문제에 대해서 좀 더 철저한 조사를 할 것을 다짐했습니다.

그즈음 정부는 곡물의 병충해를 예방하고자 살충제 살포 계획을 진행하고 있었습니다. 하지만《침묵의 봄》출간 이후 이 계획에 대한 환경 단체의 항의가 이어졌고, 환경 단체 회원 수는 매우 빠르게 증가하게 되었어요. 또한 의회에서도 이 문제에 대해서 관심을 가지게 되었습니다. 그리고 1962년 말 컬럼비아 방송사(CBS)는 '돌아오는 봄에 방송할 카슨의 책에 대한 특별 프로그램을 기획한다' 고 발표했습니다.

하지만 이를 반대하는 세력도 만만치 않았습니다. 계속해

서 프로그램을 철회하도록 협박하는 정체불명의 편지가 방송사로 전달되기도 했거든요. 이러한 많은 방해와 핍박에도 불구하고 1963년 4월, 텔레비전 황금 시간대에 특별 프로그램 〈레이첼 카슨의 침묵의 봄〉이 방영되었습니다.

살충제의 문제를 다룬 이 특별 프로그램은 사회에 커다란 충격을 주기에 충분했어요. 방송 다음 날 미국의 한 상원 위원은 '연방 정부의 살충제 통제 프로그램을 포함한 환경 오염에 관한 의회 조사를 시작하겠다' 고 발표했습니다.

대통령 과학자문위원회의 〈살충제 사용에 관한 보고서〉에

서는 조심스럽게 살충제 사용의 문제를 지적하였습니다. 대통령 과학자문위원회의 보고서와 CBS 방송 프로그램이 방영된 이후 살충제의 위해성에 대한 논쟁은 서서히 나의 《침묵의 봄》을 지지하는 쪽으로 기울기 시작했습니다.

이전에 《침묵의 봄》을 비판했던 잡지인 〈사이언스 매거진〉과 〈리더스 다이제스트〉도 자신들의 생각을 바꾸기 시작했으며, 내 책의 내용이 부정확하고 감정적이며 지나치게 단순화하여 오류가 많다고 비판했던 〈타임〉지도 자신들의 입장을 바꾸게 되었습니다.

《침묵의 봄》은 일반인들에게도 커다란 충격을 주었어요. 이 충격은 오늘날 미국 환경 운동의 붐을 일으키는 데 큰 영향을 미치게 되었지요. 1964년 미국 의회는 야생 보호법을 제정해서 무절제한 개발로부터 자연을 보호하는 정책을 펴나갔습니다.

1969년 미국 의회는 DDT가 암을 유발할 수도 있다는 증거를 발표하였고, 결국 1972년 미국 환경부에 의해 사용이 금지되었습니다. 나는 이 공로로 전 세계의 학술, 문예, 과학단체로부터 수많은 상과 훈장을 받았어요. 조금 뒤의 일이지만 1980년에는 카터(James Carter, 1924~) 대통령으로부터 미국 정부가 일반인에게 수여하는 가장 영예로운 상인 자

유 훈장(Medal of Freedom)을 받기도 하였답니다.

하지만 나는 많은 상을 받은 것보다 환경 문제에 대해서 정부를 비롯하여 많은 학술 단체와 시민들이 심각하게 생각하게 되었다는 사실이 더 자랑스럽고 기뻤답니다.

또한 미국은 환경 정책법을 제정하고, 1970년 4월 22일 제1회 지구의 날(Earth Day) 행사를 열기도 했어요. 이날 2천여 지역 단체에서 모인 약 2천만 명의 시민들은 보다 질 좋은 환경을 요구하며 거리로 나섰죠. 이날은 미국 환경 운동 역사상 가장 커다란 기점이 되었습니다.

오늘 수업을 통해 여러분은 우리에게 이로운 위대한 발명이라고 생각한 것이 생명을 위협하는 위험한 물질일 수도 있다는 것을 알게 되었을 거예요. 이와 같은 실수를 범하지 않기 위해서는 새로운 물질을 만들 때 위험성을 잘 판단할 수 있는 과학 기술을 더 개발해야 하지 않을까 싶군요. 여러분 중에서 인류를 위해 이러한 업적을 남길 수 있는 과학자가 나오기를 기대해 봐도 되겠지요?

다음 시간에는 생태계에서 생물들이 이루고 있는 먹이 관계에 대해서 자세히 살펴보도록 할게요. 다음 시간에 만나도록 합시다.

만화로 본문 읽기

어라? 생태계를 파괴하는 물질인 DDT를 개발한 뮐러도 노벨상을 탔네요? 노벨상은 인류에 큰 기여를 한 사람에게 주는 상 아닌가요?
그렇죠, 뮐러는 DDT의 개발로 그 당시에 생명을 앗아가는 무서운 질병을 예방한 공을 인정받아 노벨상을 받았답니다.
폴 뮐러

1941년, DDT를 이용해 해충을 성공적으로 퇴치하면서 DDT는 매우 효과적으로 해충을 죽일 뿐만 아니라 사람에게 독성이 없는 것으로 나타났기 때문에 곧 널리 보급되었지요.
처음에는 DDT의 위험성을 몰랐던 거군요.
DDT

네, DDT는 감염병의 위험이 높은 지역에 널리 쓰이게 되었고, 모두들 질병으로부터 인류를 구하게 되었다고 좋아했어요. 한국에도 1950년대부터 도시 농촌 할 것 없이 널리 사용되었답니다.
그래서 어떻게 되었죠?
와 DDT다~

1960년대가 지나면서 DDT가 물속이나 토양 속 또는 곤충의 몸에 축적되어 있다가 먹이 사슬을 통해 생태계를 파괴시킨다는 것을 알게 되었어요.
드디어 DDT의 문제점이 나타나기 시작했군요.
DDT

그래서 1970년대 중반에 대부분의 국가에서 DDT의 생산과 사용을 금지하게 되었어요.
노벨상까지 수상하게 한 DDT가 이제는 동식물은 물론 인간을 위협하는 존재가 되어 버린 것이네요.
DDT 사용 금지
DDT 사용 금지
DDT 사용 금지
DDT 사용 금지
DDT 사용 금지
DDT 사용 금지
금지

그래서 나는 생태계를 보호하는 것이 인류를 구하는 방법이라는 것을 알리기 위해 《침묵의 봄》이라는 책을 출간하고, 환경보호국을 만들어 해로운 살충제의 사용을 금지시키는 운동을 했습니다.
저도 꼭 읽어 볼게요.
생태계 보호!
침묵의 봄

세 번째 수업 3

생태계에서의 먹이 관계

생태계를 안정하게 유지시켜 주는 먹이 관계에 대해 알아봅시다.

3

세 번째 수업

생태계에서의 먹이 관계

교. 과. 연. 계.

초등 과학 6-1 4. 생태계와 환경

고등 생물 Ⅰ 9. 생명 과학과 인간의 생활

카슨이 생태계에 대한 설명으로 세 번째 수업을 시작했다.

먹이 사슬과 먹이 그물

자연 속에서 살아가는 하나의 생명체를 '개체'라고 합니다. 여러분은 숲이나 공원에서 떼 지어 다니는 개미를 종종 보았을 거예요. 이와 같이 일정한 지역에 같은 종의 개체가 무리를 이룬 것을 '개체군'이라 하고, 이러한 개체군이 여러 개 모여 형성된 것을 '군집'이라고 합니다. 군집을 구성하는 각각의 개체군은 환경 요인 및 다른 개체군과 영향을 주고받으며 살아가는데, 이를 생태계라고 하죠.

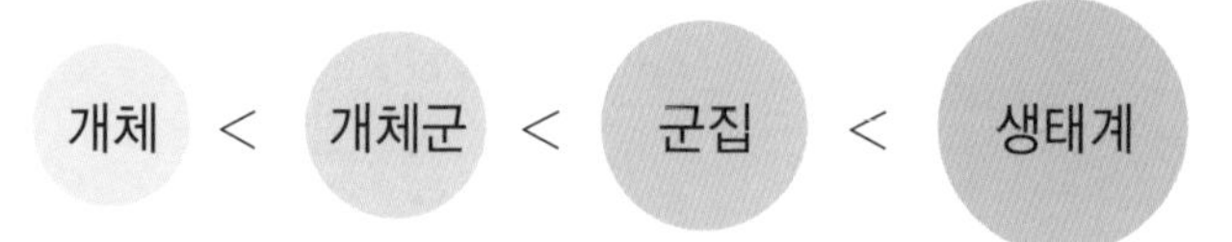

생태계는 생물적 환경 요인과 비생물적 환경 요인(무기 환경)으로 구성됩니다. 생태계의 생물적 환경 요인은 그 역할에 따라 생산자, 소비자, 분해자로 구분합니다.

카슨은 칠판에 생태계의 모식도를 그린 다음 설명을 계속했다.

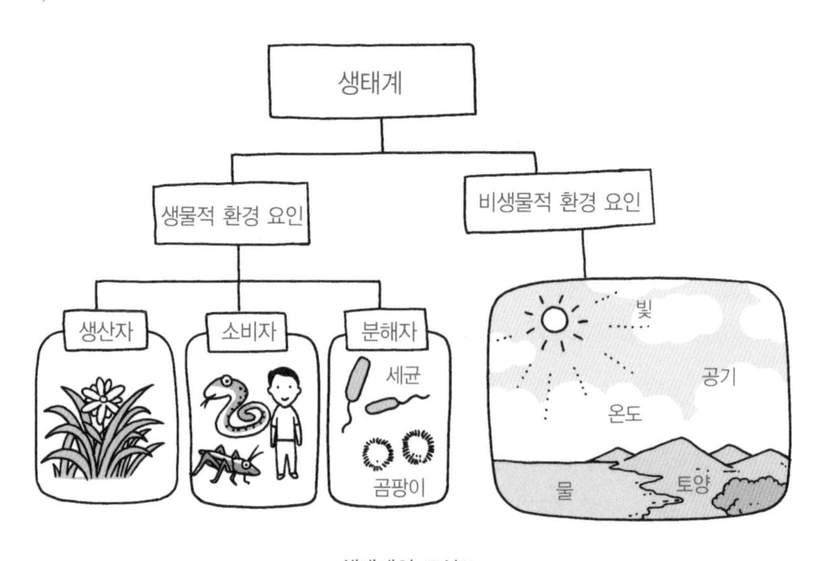

생태계의 모식도

생물을 둘러싸고 있는 비생물적 환경 요인, 즉 무기 환경 요인으로는 빛, 물, 공기, 토양, 온도 등이 있습니다.

태양 에너지를 이용하여 유기물을 합성하는 녹색 식물과 같은 생물을 '생산자' 라 하고, 생산자나 다른 동물을 먹이로 하는 생물을 '소비자' 라고 합니다. 소비자는 먹이의 종류에 따라 다시 나눌 수 있습니다. 토끼, 사슴과 같이 생산자를 먹이로 하는 동물을 1차 소비자, 여우나 호랑이와 같이 1차 소비자를 먹이로 하는 동물을 2차 소비자라고 하지요.

그리고 세균이나 곰팡이와 같이 생산자와 소비자의 사체나 배설물을 무기물로 분해하여 무기 환경으로 되돌려 보내는 작용을 하는 것을 '분해자' 라고 합니다.

생태계에서 모든 생물은 생산과 소비를 중심으로 하는 먹이 관계로 연결되어 있습니다. 예를 들면 풀밭에 메뚜기가 살면서 풀을 갉아먹을 때 풀은 생산자이며, 그것을 먹는 메뚜기는 소비자가 됩니다. 그리고 메뚜기는 들쥐의 먹이가 되고 들쥐는 매의 먹이가 되는 먹이 관계가 형성되지요.

이처럼 많은 생물들을 녹색 식물 → 초식 동물 → 소형 육식 동물 → 대형 육식 동물로 이어지는 사슬 모양으로 먹이 관계를 나타낼 수 있는데, 이를 '먹이 사슬' 이라고 합니다. 그리고 이것은 다시 생산자 → 1차 소비자 → 2차 소비자 →

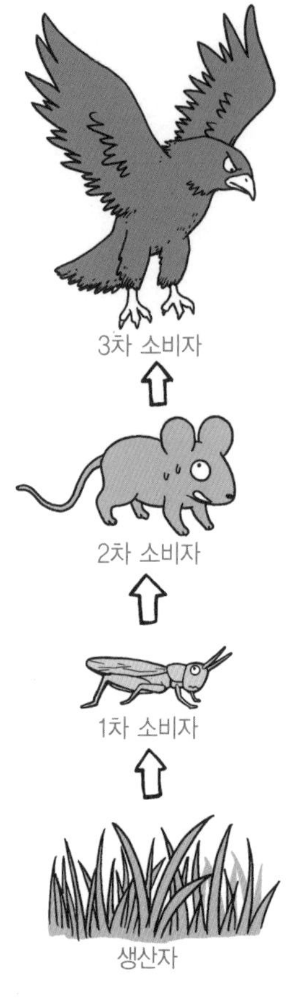

먹이 사슬

3차 소비자로 먹이 사슬을 표현할 수 있습니다.

이때 한 학생이 손을 들고 카슨에게 질문했다.

__ 선생님, 그런데 들쥐만 메뚜기를 먹는 것은 아니잖아요?

물론 그렇지요. 자연에서는 먹이의 연결이 이렇게 단순하게만 이루어져 있지 않습니다. 메뚜기는 들쥐뿐만 아니라 참새의 먹이가 되며, 들쥐는 여우와 매에게 잡아먹히고, 참새는 매의 먹이가 되지요.

이와 같이 생태계를 이루는 많은 생물들은 여러 생물을 먹이로 하면서 또 다른 여러 생물에게 먹히는 등 관계가 복잡하게 얽혀 있답니다. 즉, 생태계 내에서 여러 먹이 사슬이 마치 그물처럼 먹고 먹히는 관계를 나타내게 되는데, 이를 먹이 그물이라고 합니다.

생태계는 먹이 사슬을 기초로 유지되고, 먹이 그물이 복잡할수록 안정성이 높습니다. 먹이 그물이 복잡하면 먹이 사슬을 이루는 어느 한 종이 사라지더라도 다른 종을 먹이로 하는 또 다른 먹이 사슬을 형성할 수 있기 때문이죠.

예를 들어 풀 → 메뚜기 → 들쥐 → 여우로 이어지는 먹이 사슬에서 들쥐가 사라질 경우, 안정된 생태계에서는 풀 → 메뚜기 → 참새 → 매의 먹이 사슬과 풀 → 토끼 → 여우로 이

먹이 그물

어지는 먹이 사슬이 형성되기 때문에 생태계를 유지할 수 있게 됩니다.

이러한 먹이 관계에 의해 생태계의 평형이 유지되는 것입니다. 그러나 아무리 안정한 생태계라도 이러한 관계를 유지하고 있던 생물이 중간에 사라지는 일이 빈번해지면 먹이 사슬이 끊어져 생태계를 유지하기가 어려워집니다.

생태 피라미드

생태계가 평형을 이루며, 유지되기 위해서는 생태계를 구성하고 있는 생산자, 소비자, 분해자 등이 균형을 이루고 있어야 합니다. 그리고 이들이 제대로 살아가기 위해서는 태양 에너지가 필요합니다.

녹색 식물은 태양으로부터 오는 빛 에너지의 일부를 광합성을 통해 유기물로 합성하여 저장하는데, 이렇게 저장된 물질이 포도당입니다. 포도당은 식물체 내에서 녹말 등으로 변환되어 축적되지요.

녹색 식물이 생산한 유기물을 초식 동물인 1차 소비자가 먹고 식물체 내에 저장된 에너지를 이용하게 됩니다. 그 이

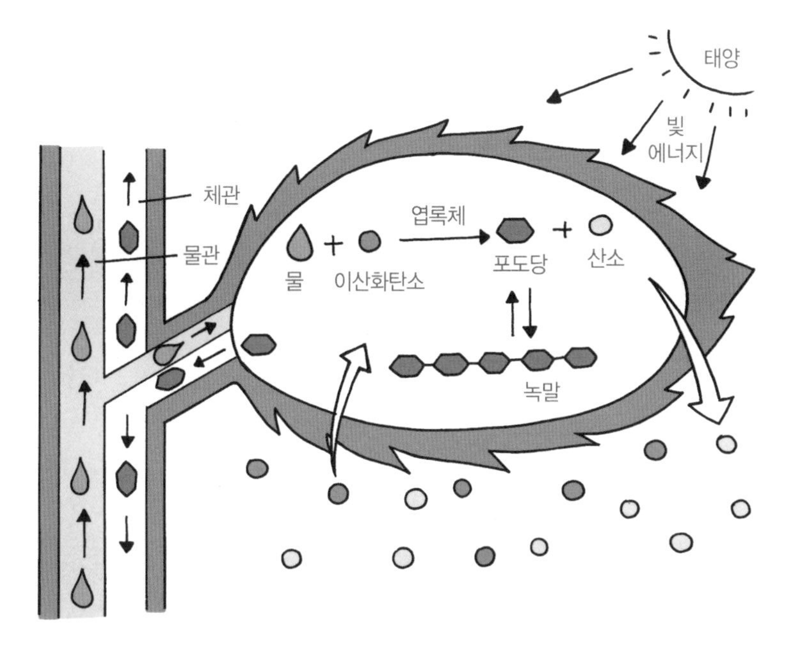

광합성 과정

후에 2차, 3차 소비자인 육식 동물이 초식 동물이나 다른 육식 동물을 잡아먹으면서 저장되어 있는 에너지를 이용하게 되지요. 우리가 음식물을 섭취하여 생활에 필요한 에너지를 얻는 것과 같은 원리입니다.

먹이 사슬을 따라 이동할 때의 각 단계를 영양 단계라고 합니다. 각 영양 단계에 따라 개체 수, 생체량, 에너지양 등을 피라미드 도표로 나타낸 것을 생태 피라미드라고 합니다.

보통 먹이가 되는 동물의 개체 크기는 그것을 먹이로 하는

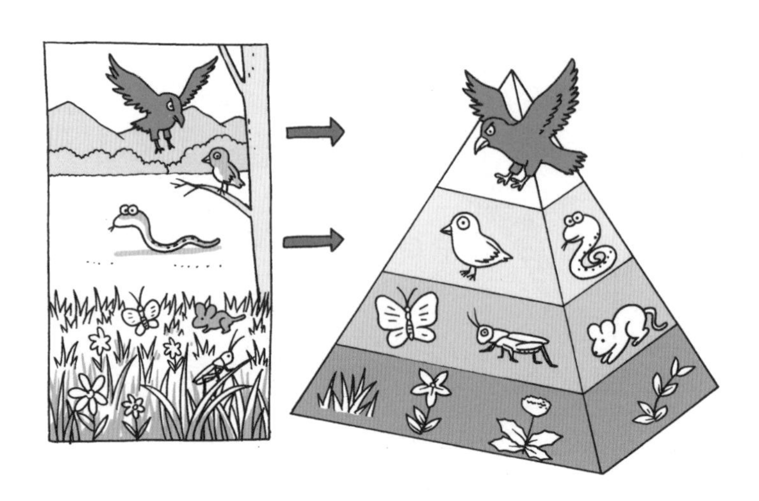

먹이 사슬의 영양 단계와 생태 피라미드

동물보다 작지만, 전체 양으로 따지면 그것을 먹이로 하는 동물의 양보다 훨씬 많습니다. 즉, 녹색 식물의 양이 그곳에 있는 초식 동물의 양보다 많고, 초식 동물의 양은 육식 동물의 양보다 많지요. 이렇듯 먹이 사슬에서 각 단계의 생물의 개체 수를 생산자를 밑변으로 하여 피라미드 모양으로 나타낸 것을 개체 수 피라미드라고 합니다.

그리고 영양 단계가 낮은 녹색 식물인 생산자를 밑변으로 하고 1차 소비자(초식 동물), 2차 소비자(육식 동물)를 영양 단계별로 생물량을 쌓아 올리면 피라미드 모양이 되는데, 이것을 생체량 피라미드라고 하지요.

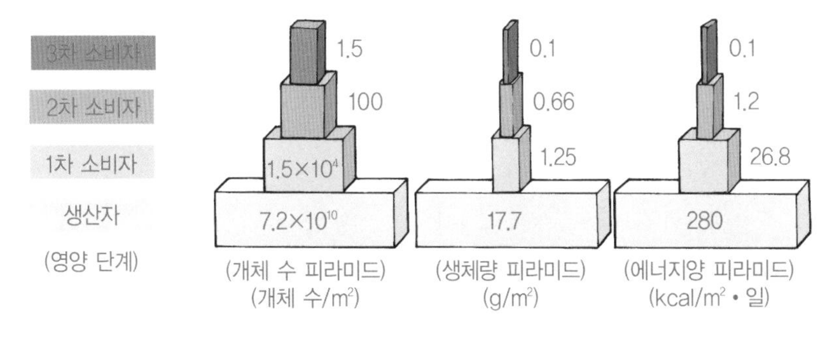

생태 피라미드의 종류

또한 먹이 사슬을 이루는 각 영양 단계의 에너지양을 낮은 영양 단계부터 차례로 쌓아 가면 상위 영양 단계로 갈수록 생체량과 마찬가지로 그 양이 줄어드는 피라미드 구조를 나타내는데, 이를 에너지양 피라미드라고 합니다.

먹이 사슬을 거쳐 상위의 영양 단계로 갈수록 에너지양은 급속하게 감소하게 되지요. 왜냐하면 에너지양의 대부분이 생물이 살아가는 데 필요한 곳에 이용되거나 열로 방출되고, 일부는 배설물이나 사체로 소실되어 남은 것이 다음 영양 단계로 이동하기 때문입니다.

안정된 생태계에서는 생산자에 의한 물질의 생산과 소비자에 의한 물질의 소비가 균형을 이루고 있으며 영양 단계에 따른 이러한 물질의 이동과 에너지 흐름이 계속되고 있답니다.

여러분, 지난 시간에 보르네오 섬의 어느 마을에서 일어났던 DDT에 의한 피해 사례에 대해 학습했던 것을 기억하고 있나요?

__ 네, 기억나요. 몸속에 DDT가 쌓인 도마뱀을 먹은 고양이의 몸에 더 많은 양의 DDT가 농축되어 많은 수의 고양이가 죽었다는 이야기죠?

네, 잘 기억하고 있군요. 그 이야기를 생태 피라미드와 관련해서 다시 한번 생각해 보도록 합시다.

보르네오 섬은 아열대 기후로 기온과 습도가 높아 모기가 매우 많습니다. 말라리아라는 병은 열대성 감염병으로 말라리아모기를 통해 옮겨집니다.

말라리아에 감염되면 추위를 느끼고 피부가 창백해지며,

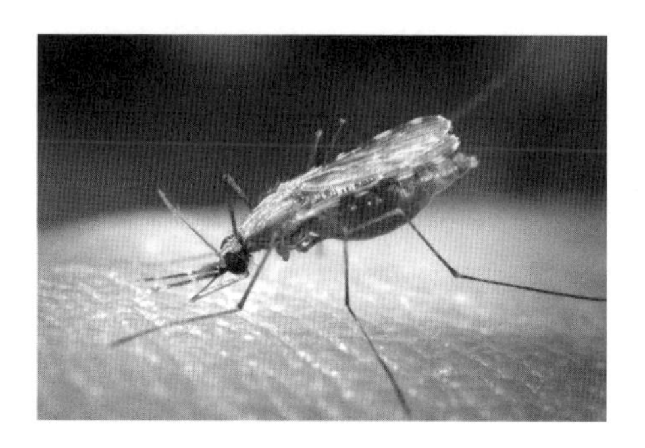

말라리아모기

몸을 떠는 오한이 먼저 나타납니다. 그리고 오한이 끝나면 열이 나기 시작하는 발열기가 나타나죠. 그 후 땀을 흘리는 발한기로 이어집니다. 이외에도 빈혈, 두통, 구토 등의 증세를 동반하며, 고열에 시달리다가 최악의 경우에는 사망에 이르게 되는 무서운 병입니다.

그래서 이 병으로 수많은 사람들이 목숨을 잃었던 20세기에는 당연히 많은 관심이 쏠렸겠지요. 그런데 이 말라리아모기를 제거하는 데 DDT를 사용하여 크게 효과를 보게 된 것입니다. 물론 인체에 무해하다는 이유로 대량으로 사용되었지요.

그 결과 말라리아의 발생과 그로 인한 사망자가 크게 줄었습니다. 그러나 페스트(흑사병)라는 또 다른 감염병이 번지기 시작하였지요. 페스트는 14세기에 전 유럽에 퍼져 수많은 사람의 목숨을 앗아 간 무서운 감염병입니다. 페스트는 오한과 발열, 빈혈, 두통, 고열 등의 증상이 나타난다는 점이 말라리아 감염과 비슷하지만, 치료를 하지 못할 경우 사망에 이르는 시간이 빨라지고 사망 확률도 훨씬 높아지는 무서운 질병입니다. 페스트는 페스트균에 의해 발생하는데, 쥐에 기생하는 벼룩을 통해 감염됩니다.

그런데 벼룩에 의해 감염되는 페스트와 말라리아모기에 의

과학자의 비밀노트

페스트(pest)

페스트는 흑사병이라 불리며, 인류 역사에 기록된 최악의 감염병으로 알려져 있다. 1340년대 유럽에서 처음 창궐한 이래 많은 희생자를 발생시킨 공포의 대상이었으며, 이 병으로 약 2천 5백만 명이 희생되었다. 흑사병이라는 이름은 1883년에 피부가 검게 변하는 증상 때문에 붙여졌다. 병이 진행되면 검게 변색된 피부가 괴사하게 되고, 이것이 퍼지면 죽음에 이르게 된다. 흑사병은 원래 쥐에게 발병하는 세균성 감염병인데, 감염된 쥐를 통해 병원균에 노출되거나 감염된 쥐의 혈액을 먹은 벼룩이 사람을 물어 병원균이 체내로 들어오면 발병하게 된다.

해 감염되는 말라리아와 무슨 관련이 있을까요? 많은 과학자들이 그 원인을 찾기 위해 먹이 사슬을 조사하다가 쥐의 천적인 고양이의 수가 줄어들어 페스트가 나타났다는 것을 알게 되었습니다.

고양이들이 사라진 이유는 DDT에 노출된 딱정벌레를 먹은 도마뱀을 고양이들이 먹었기 때문입니다. 고양이들이 DDT에 의한 생물 농축 현상으로 죽은 것이지요.

이 사건을 통해 사람의 목숨을 구하기 위한 경솔한 행동이 먹이 사슬이나 먹이 그물을 파괴하여 생태계뿐만 아니라 사람에게도 커다란 위협이 될 수 있다는 것을 알게 되었죠. 순간적으로 문제를 해결하려고 하기보다는 생태계에 어떤 영향을 줄 것인가를 잘 살펴 실행해야 한다는 교훈을 주는 사건이라 하겠습니다.

여러분은 오늘 수업을 통해 생물들의 먹이 관계의 중요성과 먹이 사슬이 끊어지게 되면 우리가 생각하지도 못한 경로를 통해 인간에게도 피해를 줄 수 있다는 사실을 알게 되었을 것입니다. 다음 시간에는 생물 농축 현상이 일어나는 원리를 알아보도록 하겠습니다.

만화로 본문 읽기

선생님, 먹이 사슬과 먹이 그물은 어떻게 다른가요?
생태계에서 모든 생물은 생산과 소비를 중심으로 하는 먹이 관계로 연결되어 있답니다.
먹이 사슬?
먹이 그물?

예를 들어 풀은 생산자이고 풀을 먹는 메뚜기는 소비자랍니다. 그리고 메뚜기는 들쥐의 먹이가 되고 들쥐는 매의 먹이가 되는 먹이 관계가 형성되지요.
아~.

이렇게 많은 생물들을 녹색 식물 → 초식 동물 → 소형 육식 동물 → 대형 육식 동물로 이어지는 사슬 모양으로 먹이 관계를 나타낼 수 있는데, 이를 먹이 사슬이라고 해요.
정말 사슬과 비슷하군요.

그리고 이 먹이 사슬을 생산자 → 1차 소비자 → 2차 소비자 → 3차 소비자로도 표현할 수 있답니다.
그런데 메뚜기는 들쥐뿐만 아니라 참새의 먹이가 되기도 하잖아요?
3차 소비자
2차 소비자
1차 소비자
생산자

네, 자연에서는 먹이의 연결이 단순하게 이루어져 있지 않고 여러 종류의 생물이 다른 생물을 먹이로 하면서 또 다른 생물에게 먹히는 복잡한 먹이 관계가 그물과 같이 얽혀 있지요.
아! 그것을 먹이 그물이라고 하는군요.

네, 맞아요. 이때 먹이 사슬을 따라 이동할 때의 각 단계를 영양 단계라고 하는데, 영양 단계별로 여러 가지 요소들을 피라미드 모양으로 나타낸 것을 생태 피라미드라고 한답니다.
이런 모양 맞지요?

네 번째 수업

4

생물 농축의 원리

여러 가지 독성 화학 물질이 생물체 내에 농축되는 원리를 알아봅시다.

4

네 번째 수업

생물 농축의 원리

교. 과. 연. 계.

초등 과학 6-1	4. 생태계와 환경
고등 과학 1	6. 에너지와 환경
고등 생물 Ⅰ	9. 생명 과학과 인간의 생활
고등 화학 Ⅰ	1. 우리 주변의 물질
	2. 화학과 인간

카슨이 생물 농축 현상을 일으키는
물질에 대해 설명하면서
네 번째 수업을 시작했다.

여러분, 생물 농축 현상을 일으키는 화학 물질은 어떤 특징을 가지고 있을까요? 어떤 특징 때문에 생물체 내에 축적되어 피해를 입히는 걸까요?

__ 화학 물질이 몸속에 한번 들어오면 밖으로 잘 빠져나가지 않기 때문에 계속 쌓이는 게 아닐까요?

네, 맞습니다. 하지만 생태계에 방출된 화학 물질 모두가 생물 농축 물질은 아니랍니다. 독성을 띠고 있는 화학 물질 중에서도 생물체 내로 들어와 특정한 조직이나 기관에 축적되어 잘 배출되지 않는 물질들이 '생물 농축 물질'이라 할 수

있습니다. 몸 밖으로 잘 배출되지 않아야 먹이 사슬을 따라 고차 소비자로 이동하면서 생물체 내에 농축될 수 있기 때문이지요.

화학 물질이 몸 밖으로 배출되지 않으면 영양 단계가 높아질수록 체내의 물질 농도가 높아지므로 높은 영양 단계의 생물일수록 화학 물질에 의한 피해가 커집니다. 그리고 유해 화학 물질의 양이 환경 기준치보다 낮아 피해가 없다고 생각이 들 만큼 적은 양이라 하더라도, 영양 단계가 높은 생물에게는 각종 생리적 장애를 일으키고 생명까지도 빼앗아 가는 결과를 가져올 수 있답니다.

물속에 있는 생물이 한 번에 화학 물질을 농축하는 비율은

그다지 높지 않습니다. 그러나 높은 영양 단계의 생물에는 상당히 많은 양의 화학 물질이 농축되는 것을 볼 수 있습니다. 첫 번째 시간에 이야기한 것처럼 갈매기와 갈매기 알의 DDT 농도가 물속보다 6천 2백만 배 높은 수준으로 나타난 것에서 알 수 있죠. 그렇다면 생물 농축이 일어나는 원인은 무엇일까요?

생물이 특정 물질을 선택적으로 흡수한다

아이오딘(요오드)은 사람의 갑상샘(갑상선)에서 능동적으로 흡수되어 갑상샘이 제 기능을 하도록 돕는 역할을 합니다. 하지만 원자력 발전소에서 사용되는 방사성 아이오딘은 갑상샘암을 유발하는 물질입니다. 방사성 아이오딘이 주변 목초지로 방출되어 그것을 젖소가 먹게 되면 우리가 마시는 우유에 방사성 아이오딘이 함유될 수 있습니다. 그리고 이 우유를 사람이 마시면 방사성 아이오딘이 갑상샘에 축적되어 암을 유발하는 것이지요.

갑상샘은 갑상샘 호르몬을 분비해 인체 내 모든 기관의 기능을 적절하게 유지시켜 주는 역할을 합니다. 갑상샘은 목

앞부분에 돌출된 '아담의 사과'라 불리는 갑상샘 연골의 바로 아래, 기관지에서 귀로 올라가는 근육 사이에 있습니다. 크기는 엄지손가락만 하며 기관지 좌우에 하나씩 있고, 띠 모양의 조직으로 연결되어 있어 마치 나비처럼 보입니다.

이 갑상샘이 제 기능을 하기 위해서는 아이오딘이 필요합니다. 그래서 갑상샘에서 아이오딘을 흡수하는 것이지요. 그런데 갑상샘에 방사성 아이오딘이 축적되면 세포와 조직에 이상을 일으켜 암이 발생하게 되는 것입니다.

갑상샘암은 처음에는 별다른 증상이 없어 잘 모르고 지나치는 경우가 많습니다. 하지만 암이 진행됨에 따라서 통증과 목쉰 소리, 호흡 곤란을 일으키고, 피를 토하거나 음식물을 삼키기 어려워지기도 하며, 다른 곳으로 암세포가 전이되면 사망에 이르게 됩니다.

화학적 분해가 어렵다

자연은 오염 물질이 들어왔을 때 스스로 오염 물질을 정화(불순물이나 더러운 것을 깨끗하게 함)하려는 성질이 있습니다. 하지만 자연에 존재하지 않던 물질, 즉 인공적인 물질에 의해 일단 환경이 오염되면 정화하기가 매우 어려워집니다. 왜냐하면 인공 화학 물질은 잘 분해되지 않기 때문이지요. 또한 비록 천연에 존재하는 물질이라도 그 양이 너무 많으면 자연 정화의 한계를 넘는 경우도 있어서 문제가 됩니다.

화학 물질이 생물에 노출되는 시간, 즉 먹이 사슬을 통해 이동하는 각 영양 단계에서 화학 물질을 체내에 가지고 있는

시간이 길수록 농축되기 쉬워집니다. 그래서 체내에서 잘 분해되지 않고 오랫동안 잔류하는 성질을 가진 화학 물질일수록 농축될 가능성이 높아지는 것입니다.

무엇보다도 이러한 화학 물질들이 체내로 들어와 생체 조직의 특정 부위에 강한 친화성을 나타낼 경우, 오랫동안 체내에 남아 있게 되어 몸 밖으로 배출되기 어려워집니다. 특히 농약 성분인 DDT나 PCB(polychlorinated biphenyl) 등은 체내 지방 조직에 친화성을 가지고 있어 일단 몸속으로 들어오게 되면 조직에 침착되고 축적되어 쉽게 배출되지 않습니다.

과학자의 비밀노트

PCB(polychlorinated biphenyl)

페놀이 2개 결합된 화합물(바이페닐)에 수소 대신 염소가 치환된 염소 화합물이다. 열에 잘 견디며, 화학적으로 안정하다. 이러한 특성을 이용하여 변압기와 축전기의 절연유, 제지, 가소제, 도료 등에 전 세계적으로 널리 사용되었다. 그러나 1970년대 중반 이후 독성이 강하고 분해가 느려 생태계에 오랫동안 잔류하여 인체에 큰 피해를 준다는 것이 알려져 그 생산이 중단되었다.

체내로부터의 배출 속도가 느리다

많은 생물들이 체내에 상당한 양의 지방을 가지고 있지요. 그래서 지방층에 잘 녹아들어 가는 물질이 지방 조직에 많이 분포하는 경향을 나타내며, 높은 농도로 생물 농축됩니다. 화학 물질이 지방 조직으로 이동하면 생물이 그 조직에서 지방을 방출할 때까지 머무는 경향이 있습니다.

그런데 여러분도 알다시피 몸속에 한번 쌓인 지방은 배출하기가 쉽지 않지요. 따라서 생물의 지방 함유량이 높으면 화학 물질의 농축 가능성 또한 높아진답니다.

그리고 메틸수은(일반적으로 염화 메틸수은을 말한다)과 같은 염소를 포함하는 유기 화합물(탄소와 수소로 이루어진 물질)은 일반적으로 물에 잘 녹지 않으며, 물속에 유입되면 적은 양이라도 퇴적물이나 플랑크톤 등 고체 물질에 쉽게 흡착하므로 작은 동물들이 먹이로 섭취할 가능성이 높습니다. 작은 동물들이 반복해서 이것을 섭취하게 되면 이 단계에서 가장 먼저 농축되겠지요. 그 이후에 농축된 오염 물질은 작은 동물을 먹이로 하는 큰 동물들에 의해 더욱 농축되고, 먹이 사슬을 따라 이동하면서 점차 고농도로 농축될 것입니다.

메틸수은은 신경에 강한 독성을 나타내는데, 단백질과 잘

결합하고 기름에 잘 녹기 때문에 다양한 경로를 통해 체내에 흡수된 후에 쉽게 배설되지 않는 성질을 가지고 있습니다. 배설되기 어렵다는 것은 섭취하거나 흡수했을 때 체내에 농축되기가 쉽다는 것을 의미해요. 독성이 강한데다가 축적까지 잘되니 매우 위험한 화학 물질이라 할 수 있겠지요? 나중에 더 자세히 이야기하겠지만 메틸수은은 사람의 체내에 축적되어 신경을 마비시키는 미나마타병의 원인 물질로도 유명하답니다.

그렇다면 생물 농축을 일으키는 화학 오염 물질에는 어떤 것들이 있는지 자세히 알아볼까요? 생물 농축의 주요 원인 물질로는 수은(Hg), 납(Pb), 카드뮴(Cd) 등과 같은 중금속류와 DDT, PCB 등의 농약 성분 물질이 있어요. 이러한 중금속이나 농약 성분 물질은 지용성 용매, 즉 기름 성분에 잘 녹기 때문에 생물의 지방 조직에 쉽게 축적되고, 어느 수준 이상 농축되면 여러 가지 질병을 일으키기도 합니다.

다음 시간에는 생물 농축을 일으키는 물질 중에서 수은과 카드뮴, 납과 같은 중금속에 의한 중독의 위험성에 대해 살펴볼 것입니다. 가장 흥미로운 시간이 될 테니 기대하세요.

주요 화학 물질의 배출 과정과 생물에 미치는 영향

물질 이름	배출 과정	생물에 미치는 영향
수은(Hg)	- 금의 제련 과정 - 전기 기구, 온도계, 건전지 등의 제조 과정	- 신경 장애, 근육 위축에 의한 팔다리의 비틀림, 말초 신경의 마비 - 태아에 영향을 주어 기형아 출산 - 미나마타병의 원인
납(Pb)	- 공장 폐수 - 자동차 배기가스 - 전지의 제조 과정	- 식욕 부진, 피로, 체중 감소, 복통과 고혈압, 간경화, 심한 두통, 고열
카드뮴(Cd)	- 비료나 제초제 - 아연 광산이나 제련소	- 칼슘 대신 뼛속에 흡수되어 뼛속의 염류를 배출함. - 뼈가 약해져서 통증과 골절, 신경 장애를 유발함. - 이타이이타이병의 원인
DDT	- 살충제로 사용되었던 농약	- 몸속에 농축되어 지방 조직을 파괴함. - 칼슘 대사 장애 - 고혈압, 뇌출혈, 뇌종양
PCB	- 합성수지 - 인쇄 잉크 - 가전제품의 절연유 - 열 교환기의 열 교환 매체	- 물에는 녹지 않으나 지방, 기름 등의 유기 용매에 잘 녹음. - 위장 장애, 피부의 흑화(어두워지는 현상), 근육 마비, 신경 장애, 암

만화로 본문 읽기

생물 농축 현상은 여러 가지 독성 물질이 생물체 내에 축적되어 나타나는 것이에요.
그런데 생물 농축 물질은 어떻게 생물체 내에 축적되는 거죠?
아이고, 힘들어.
독성 물질

생물 농축이 일어나는 원리는 크게 3가지로 설명할 수 있어요. 첫째는 생물이 특정 물질을 선택적으로 흡수한다는 것이죠.
자세히 설명해 주세요.
1. 생물이 특정 물질을 선택적으로 흡수한다.
예 아이오딘 VS 방사성 아이오딘

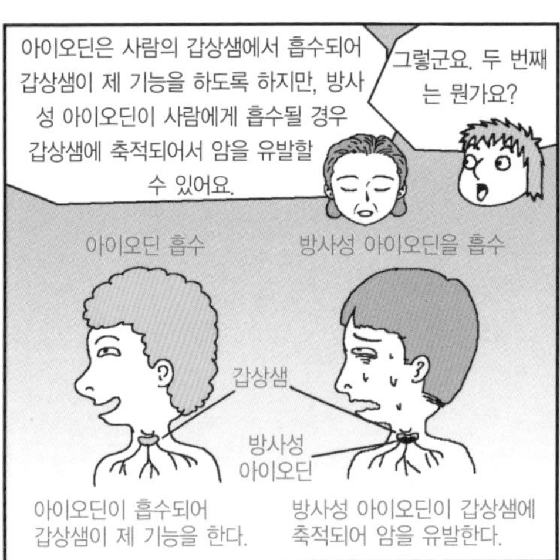

아이오딘은 사람의 갑상샘에서 흡수되어 갑상샘이 제 기능을 하도록 하지만, 방사성 아이오딘이 사람에게 흡수될 경우 갑상샘에 축적되어서 암을 유발할 수 있어요.
그렇군요. 두 번째는 뭔가요?
아이오딘 흡수
방사성 아이오딘을 흡수
갑상샘
방사성 아이오딘
아이오딘이 흡수되어 갑상샘이 제 기능을 한다.
방사성 아이오딘이 갑상샘에 축적되어 암을 유발한다.

두 번째는 화학적 분해가 어렵다는 거예요. 체내에서 잘 분해되지 않고 오랫동안 잔류하는 성질을 가진 화학 물질일수록 농축될 가능성이 높답니다.
네, 마지막 세 번째는 뭔가요?
2. 화학적 분해가 어렵다.
예 DDT, PCB

세 번째는 체내로부터 배출 속도가 느리다는 것이에요. 지방은 화학 물질을 축적하기에 용이하고 한 번 축적되면 배출 속도가 느리기 때문에 지방 함량이 많은 동물일수록 생물 농축 가능성이 높아진답니다.
아~.
3. 체내로부터 배출 속도가 느리다.
예 메틸수은 – 미나마타병의 원인

이러한 생물 농축을 잘 일으키는 물질에는 수은(Hg), 납(Pb), 카드뮴(Cd), DDT, PCB 등이 있답니다.
잘 알아 둬야겠네요.
수은(Hg), 납(Pb), 카드뮴(Cd), DDT, PCB 등

다섯 번째 수업

5

중금속에 의한 생물 농축

중금속에 의한 생물 농축 현상으로 사람들이 입은 피해 사례들을 알아봅시다.

5

다섯 번째 수업

중금속에 의한 생물 농축

교. 과. 연. 계.

초등 과학 6-1　4. 생태계와 환경
고등 과학 1　6. 에너지와 환경
고등 생물 Ⅰ　9. 생명 과학과 인간의 생활
고등 화학 Ⅰ　1. 우리 주변의 물질
　2. 화학과 인간

카슨이 생물 농축 현상에 의한 질병들을 소개하면서 다섯 번째 수업을 시작했다.

수은 중독 : 미나마타병

1956년 일본 큐슈의 미나마타 만에서 세상을 떠들썩하게 만든 사건이 있었습니다. 바로 중금속 중의 하나인 수은에 의한 중독 사건이었죠. 이 사건은 중금속이 인간에게 얼마나 큰 피해를 줄 수 있는지를 일깨워 준 대표적인 사건으로 알려져 있습니다.

1950년대 초 미나마타 만의 어촌에서는 하늘을 날던 물새가 갑자기 바다와 땅으로 떨어지고, 집에서 기르던 고양이들

이 미친듯이 행동하며 입에서 거품을 내뿜는가 하면 이유 없이 죽는 현상이 자주 일어났습니다. 그리고 주민들 중에서도 고통을 호소하는 사람들이 나타났습니다.

심한 경우 격렬한 고통과 함께 온몸이 마비되는 증상이 나타나고 죽음으로 이어지기까지 했어요. 또 산모의 뱃속 태아가 사산되거나 기형의 신생아가 태어나는 일이 벌어졌습니다. 미나마타 만 주변 주민들은 이 끔찍한 일이 생긴 이후로 하루하루를 공포에 시달리며 살았습니다.

일본 정부에서는 과학자들을 동원하여 그 원인을 조사하기 시작했습니다. 과학자들이 미나마타 만의 바닷물을 조사한 결과, 주민들이 즐겨 먹던 생선과 조개에 수은이 다량 함유되어 있다는 것을 알게 되었습니다. 생선과 조개에 있던 수은을 사람이 먹어 생물 농축되면서 이와 같은 심각한 질병이 나타나게 된 것이지요! 이 병의 이름을 처음 발병한 지방의 이름을 따서 미나마타병이라고 하였습니다.

그렇다면 생선과 조개에 수은이 축적된 이유는 무엇일까요? 또 이것들이 어떻게 해서 사람들에게 이렇게 큰 피해를 입히게 된 것일까요?

미나마타 만은 일본의 큐슈 남서쪽의 작은 포구입니다. 대부분의 마을 사람들은 어업으로 생계를 유지하며 살고 있었

지요. 그런데 미나마타 만 주변에 염화 비닐과 아세트알데하이드를 생산하는 회사가 세워졌습니다. 이 회사는 1932년부터 1968년까지 무려 33년 동안 엄청난 양의 수은이 함유된 폐수를 바다에 방류하였습니다. 바다는 매우 넓기 때문에 폐수를 얼마든지 버려도 생물에게 피해를 주지 않을 거라고 생각한 것이지요.

바다로 유입된 수은은 화학 반응을 통해 메틸수은으로 변

하였습니다. 그리고 생태계의 먹이 사슬을 통해 다른 생물들의 몸속에 농축되었지요. 그래서 메틸수은으로 오염된 해양 생물을 먹거나 오염된 바닷물을 생활용수로 사용했던 인근 지역의 주민들이 수은 중독에 걸리는 일이 발생한 것입니다. 그리고 수은에 중독된 사람들이 신경 마비, 뇌 기능 손상, 시력 상실, 근육 이완, 전신 마비 및 혼수상태 등의 증상을 보였던 것이지요.

그 후로 1953년부터 1989년까지 미나마타 만 주변에 위치한 구마모토 현과 가고시마 현에서도 수은 중독으로 판명된 환자가 2,266명이나 발생하였으며, 이 중 938명이 사망하였다고 합니다. 또한 1968년에는 니이카타 현에서도 25명의 주민들이 수은 중독 확진을 받았으며, 이 중 5명이 사망하였다는 보고가 있었지요.

더 충격적인 것은 미나마타병의 원인이 밝혀지고 난 후에 이 공장에서 수은을 바다에 버리는 것을 중단하였음에도 불구하고 계속해서 수은에 중독된 사람들이 생겨났다는 것입니다. 이 현상으로 오염된 바다에 남아 있는 수은이 분해되지 않고 계속해서 먹이 사슬을 따라 농축되어 생태계 내에 존재한다는 사실을 알게 되었지요.

카드뮴 중독 : 이타이이타이병

일본에는 사람들을 충격에 빠뜨리게 한 중금속 중독 사건이 하나 더 있습니다. 바로 도야마 현의 진즈 강 하류에 위치한 작은 마을에서 일어난 카드뮴에 의한 중독 사건이지요.

1947년에 처음으로 발생하여 1965년까지 모두 100여 명의 사망자를 낸 이 중금속 중독 사건은 이타이이타이병으로 더 잘 알려져 있습니다.

'이타이이타이' 라는 말은 일본말로 '아프다, 아프다' 라는 뜻입니다. 카드뮴이 뼈의 주성분인 칼슘 대사에 장애를 가져와 뼈를 약하게 만들고, 극심한 통증을 유발하여 이 병에 걸린 사람들이 아프다, 아프다라는 말을 자주 하였지요. 그래서 이름이 이타이이타이병이 된 것입니다.

카드뮴 중독의 원인 또한 미나마타병의 원인과 같이 진즈 강 상류에 있는 한 아연 광산에서 버린 폐수 때문이었어요. 이 폐수는 많은 양의 카드뮴을 함유하고 있었는데, 주민들은 그런 사실을 모르고 이 강물을 이용하여 벼농사를 지었답니다. 당연히 그곳에서 생산한 쌀에는 카드뮴이 농축되었겠지요. 카드뮴으로 오염된 쌀을 오랫동안 먹은 마을 주민들은 어떻게 되었을까요?

__ 많은 사람들이 또 중금속에 중독되었겠군요.

네, 그렇죠. 사람들의 몸속에 카드뮴이 농축되어 카드뮴 중독을 일으키게 된 것입니다. 실제로 이 지역에서 생산한 벼의 성분을 조사해 보니, 다른 지역보다 무려 10배 이상이나 많은 카드뮴이 검출되었다고 합니다. 물속에 있던 카드뮴이 벼에 농축되고 다시 사람에게 전달되어 이타이이타이병을 일으킨 것입니다.

카드뮴에 중독된 주민들 사이에서는 골절 환자들이 속출했으며, 심지어 기침을 하거나 손목을 살짝 잡기만 해도 뼈가 부러질 정도로 뼈가 약해지고 위축되는 현상까지 나타났습니다. 심한 경우 키가 20cm 이상 작아지는 사람이 나타나기도 하였습니다. 특히 진즈 강 근처에서 농사일을 하는 주민들의 증상이 가장 심한 것으로 조사되었지요.

제2차 세계 대전이 끝난 직후, 이 병의 원인을 알아내기 위해 조사에 착수하였지만 그 당시에는 과학적인 조사가 미흡하여 비타민 C 부족으로 인한 결핍증인 것으로 잘못 결론을 내리기도 하였습니다.

__ 그러면 주민들의 몸속에 카드뮴 축적이 계속 이루어지고 있었겠네요?

물론 그랬겠죠. 병명을 몰라서 정확한 치료도, 예방도 할 수 없었을 테니 말이에요.

__ 그럼 언제 카드뮴 중독이라는 사실을 알았나요?

1968년에 이르러서야 이 병의 원인이 진즈 강 상류에 자리한 아연 공장의 폐수 때문이라는 것을 알아냈습니다. 아연을 제련하는 과정에서 배출하는 폐광석에 카드뮴이 들어 있었는데, 이 카드뮴이 진즈 강을 오염시켰지요. 그리고 오염된 강물이 주변 논과 밭의 농업용수나 주민들의 식수로 사용됨으로써 사람의 몸속으로 들어갔다는 것이 밝혀진 것입니다.

좀 더 일찍 이러한 원인을 밝혀냈더라면 그처럼 많은 사람들이 카드뮴 중독으로 고통스러워하지 않았을 텐데, 안타까

울 뿐입니다. 하지만 여러분도 알다시피 그 당시에는 그것을 제대로 알아낼 수 있을 정도의 과학 지식이 없었답니다.

그러니 이제 앞으로는 여러분 중에서 알 수 없는 원인에 의해 고통받고 있는 사람들에게 도움을 줄 수 있는 훌륭한 과학자들이 나타났으면 하는 바람을 가져 봅니다.

납 중독

중금속 중독 현상을 일으키는 대표적인 물질 중 하나가 바로 '납' 입니다. 납은 현대 산업 사회에서 가장 유용하게 쓰이는 금속 중 하나입니다. 납은 세라믹, 건전지, 땜납, 가솔린 첨가제 등으로 우리 주변에서 널리 사용되고 있지만 생물에게는 백해무익한 물질이랍니다. 납 중독은 오랜 잠복기(사람이나 동물이 병을 유발하는 물질에 접촉하고 난 후 발병하기까지의 기간)를 거친 후에 나타나는데 복통, 쇼크, 신경통, 빈혈, 신경 장애 등을 유발합니다.

과거에 납 오염의 가장 큰 원인은 자동차에서 나오는 배기가스였습니다. 자동차에 사용되는 가솔린이 연소가 잘되도록 하기 위해 납 화합물을 첨가했기 때문에 배기가스에는 납 성분이 포함되어 있었습니다. 이들은 에어로졸(기체 중에 분산되어 떠도는 고체나 액체 상태의 미립자)의 형태로 대기 중에 떠다니다가 호흡기를 통해 폐에 들어와 납 중독을 일으킵니다.

하지만 최근에는 엔진 기술이 개선됨에 따라 납을 첨가하지 않은 가솔린을 사용하는 차량들이 늘어나고 있습니다. 주유소에 '무연' 이라고 표시되어 있는 것은 납을 첨가하지 않은 가솔린을 의미합니다.

과거와 달리 현대의 납 노출의 주요 원인은 배기가스가 아닌 납 성분이 들어 있는 페인트입니다. 납 성분이 들어 있는 페인트를 주택에 사용하는 것은 1978년에 금지됐지만 오래된 집에는 아직도 납을 포함한 페인트가 칠해져 있습니다. 오래된 페인트가 긁히고 얼룩지거나 벗겨지면 페인트 먼지가 공기 중에 떠돌아다니다가 호흡기를 통해 몸속으로 들어가서 납 중독을 일으킬 위험이 있습니다.

페인트

인체가 납에 노출되는 경우는 그 외에도 다양합니다. 예를 들면 다음과 같은 경우이지요.

- 납으로 오염된 토양에서 놀 때
- 납이 포함된 향신료를 사용할 때
- 납이 함유된 특수한 민간요법을 이용할 때
- 납으로 만들어진 용기에 음식을 담아 사용할 때
- 납으로 만들어졌거나 납땜을 한 수도관에서 나온 물을 마실 때

그리고 여러분과 같은 성장기 청소년의 신체는 물질을 흡수하려는 성질이 강해 더 많은 납을 흡수할 수 있으므로 어른들보다 더 심각한 위험에 처할 확률이 높습니다.

호흡기를 통해 몸속으로 들어온 납은 혈관으로 들어가서 혈액을 따라 이동하다가 몸속 여러 곳에 해를 입히고, 심한 경우에는 하루나 이틀 사이에 사망에 이르게 합니다.

어린이의 경우에는 비록 소량일지라도 지능 지수 및 주의력 저하, 읽기와 배우기 장애, 청각 장애, 비정상적인 과민증, 성장 지연, 성격 포악 등의 증상이 나타날 수 있습니다.

성인의 경우 초기 증상은 식욕 부진, 변비, 복부 팽만감이며, 더 진행되면 급성 복통이 나타나지요. 이뿐만 아니라 권태감, 불면증, 노이로제, 두통에 시달리며 영양 상태가 나빠

져서 얼굴빛이 창백해지고, 납빛(납의 색과 같이 푸르스름한 회색 빛)을 띠게 됩니다. 또한 잇몸에 납빛의 줄이 생기고, 손가락과 눈시울에 경련이 일어나며, 손과 팔에 마비, 관절통, 근육통 등의 근육 장애도 나타납니다.

납 중독으로 인한 가장 큰 유해성은 중추 신경계 장애입니다. 납이 일단 두뇌 조직에 침입하면 뇌 세포 간 연락에 장애를 초래하며 뇌에 심한 중독 증상을 일으킵니다. 회복은 거의 불가능하며, 심한 흥분과 정신 착란(일시적으로 의식 장애를 일으켜 기억, 사고 따위의 지적 능력을 잃어버리는 상태), 경련, 발작 등을 동반합니다. 특히 어린이의 경우 비교적 낮은 농도에서도 신경 장애가 나타나는 것으로 밝혀졌습니다.

중금속에 의한 오염이 우리의 관심을 집중시키는 이유는 적은 양이라도 체내에 들어오면 잘 배설되지 않고 몸속에 축적되어 장기간에 걸쳐 부작용을 나타내기 때문입니다. 그리고 환경에 배출된 중금속은 분해되지 않고 생태계를 순환하면서 먹이 사슬을 따라 사람에게까지 빠른 속도로 이동할 수 있기 때문이기도 합니다. 생물 농축의 원리를 매우 잘 따르는 물질이라고 할 수 있지요.

그렇다면 모든 중금속이 생물에게 피해를 입히는 것일까요? 중금속이 체내에 들어오면 어떻게 작용하여 피해를 입히

납 중독의 증상

는 것일까요?

일반적으로 금속 중에서도 비중이 대개 5.0 이상 되는 것을 중(重)금속이라고 합니다. 비중이란 물에 대한 상대적인 질량을 나타내는 것으로, 물 $1cm^3$의 질량이 1g이라면, 중금속 $1cm^3$의 질량은 5g 이상에 해당한다는 것이지요. 수은이나 카드뮴뿐만 아니라 철, 구리, 아연 등도 중금속에 속합니다.

대부분의 중금속 원소들은 지각 속에 0.1% 이내의 적은 양이 함유되어 있습니다. 이러한 중금속 중 구리, 아연, 니켈, 코발트 등은 생명체에 없어서는 안 될 필수 원소이며, 납이나 수은 등은 아직 생명 유지 기능이 알려져 있지 않은 비필수 원소로 분류하고 있습니다.

중금속 중에서도 특히 조심해야 하는 중금속류는 지각에 포함된 함량이 극히 적으면서도 우리의 일상생활에 널리 쓰이고 있는 금속들입니다. 이런 이유로 구리, 아연, 수은, 카드뮴, 크로뮴(크롬) 등은 독성도 강하고 자주 접할 수 있는 금속이기 때문에 주요 환경 오염 물질로 분류하고 있습니다.

그러나 페인트 재료로 쓰이는 LED(Light Emitting Diode), 타이타늄(티타늄)이나 반도체의 재료인 갈륨, 합금이나 전구 속 필라멘트의 재료인 텅스텐 등도 독성이 강한 중금속이지만, 물에 잘 녹지 않기 때문에 생물이 자주 접하기 어려우므로 주요 환경 오염 물질로서 간주하지 않습니다. 즉, 타이타늄, 갈륨, 텅스텐 등은 생물 농축 현상을 잘 일으키지 않는 중금속이라는 것이지요.

중금속은 우리 몸속에 들어오면 바로 배출되지 않고 단백질과 결합하여 쌓이게 됩니다. 단백질은 세포를 구성하는 물질이고, 세포 내에서 수많은 화학 반응이 일어나도록 하는 효소의 성분이기도 합니다. 그리고 병원균에 대항하는 항체

의 성분이기도 하지요. 그 외에도 사람의 머리털이나 손톱을 구성하는 케라틴, 적혈구 속의 헤모글로빈을 구성하는 글로빈, 뼈를 구성하는 칼슘을 단단하게 붙여 주는 콜라겐 등 많은 단백질들이 우리 몸속에 있습니다.

그런데 단백질은 중금속과 잘 결합할 수 있는 구조를 가지고 있습니다. 단백질에 붙은 중금속은 단백질의 고유한 구조를 깨뜨려 단백질의 기능을 파괴합니다.

예를 들어 볼까요? 혈액 속에서 산소를 운반하는 헤모글로빈은 호흡을 통해 공급받은 산소와 결합하여 여러 조직 세포에 산소를 전달해 주는 역할을 하지요. 그런데 수은과 결합한 헤모글로빈은 더 이상 산소를 운반하지 못합니다. 그러면 어떤 일이 일어날까요?

__ 오랫동안 우리 몸속에 산소가 전달되지 않으면 결국 죽을 것 같아요.

여러분이 생각해도 끔찍한 결과를 초래할 것 같지요? 산소가 우리 몸에 골고루 전달되지 않는다면 조직 세포들이 파괴되고, 신체 기능이 마비되어 결국 죽게 될 것입니다. 그리고 뼛속 콜라겐 단백질에 수은이 붙으면, 그 기능을 상실하여 뼈가 약해지고 잘 부러지게 되지요.

이런 중금속의 작용은 몸속에 아주 조금 들어 있을 때에는

증상이 나타나지 않지만, 허용 기준치 이하일지라도 장기간 노출될 경우에는 몸 밖으로 배출되지 않고 쌓이므로 매우 위험해집니다. 그리고 허용 기준치는 성인을 기준으로 정해진 것이므로 여러분과 같은 청소년에게는 훨씬 더 위험하다고 할 수 있겠지요.

오늘 수업에서 우리는 중금속 중독에 대해서 살펴보았습니다. 체내에 들어온 독성 화학 물질이 잘 분해되지 않고 배출되지 않으면 생물 농축된다는 것과 수은, 카드뮴, 납 등에 의한 중금속 중독이 매우 위험하다는 사실을 잘 알았을 것입니다.

다음 시간에는 여러 생물에 나타나는 생물 농축의 피해에 대해서 살펴보도록 할게요.

만화로 본문 읽기

1956년 일본 큐슈의 미나마타 만에서는 세상을 떠들썩하게 만든 사건이 있었는데 바로 중금속 중의 하나인 수은에 의한 중독 사건이었습니다.
수은 중독의 원인은 무엇이었나요?

미나마타 만 주변에 염화 비닐(PVC)을 생산하는 회사가 수은이 함유된 폐수를 바다에 방류했어요. 문제는 폐수를 버리는 것을 중단했음에도 불구하고 계속해서 수은에 중독된 사람들이 생겨났다는 것이죠.
수은이 먹이 사슬을 따라 농축되어서 생태계 내에 존재했기 때문이군요.
폐수 방류 중단
수은
생물 농축

선생님, '이타이이타이병'은 무엇인가요?
그건 일본의 작은 마을에서 일어난 카드뮴에 의한 중독 사건이랍니다. 1947년에 처음으로 발생해서 1965년까지 모두 100여 명이 숨졌지요.
SCIENCE

카드뮴 중독의 원인은 무엇인가요?
한 아연 광산에서 진즈 강에 불법으로 폐수를 버렸는데, 이 폐수는 많은 양의 카드뮴을 포함하고 있었죠. 그런데 강 인근 주민들이 이 강물을 이용하여 벼농사를 지었답니다.

그러면 카드뮴으로 오염된 쌀을 마을 주민들이 먹게 되었겠군요.
그렇죠, 쌀을 먹은 사람들의 몸속에 카드뮴이 농축되어서 카드뮴 중독을 일으킨 것이랍니다. 그래서 일본말로 아프다아프다라는 뜻의 '이타이이타이병'이 된 것이지요.
이타이(아프다)~, 이타이(아프다)~.
카드뮴에 오염된 쌀

그 외에도 납은 우리 몸에 들어와서 단백질 등과 결합하여 우리 몸이 제 기능을 하지 못하도록 하지요.
중금속 중독을 정말 조심해야겠어요.
부러진 뼈를 붙여야 하는데….
수은
단백질

여섯 번째 수업 6

동물 체내의 생물 농축

생태계의 영양 단계에서 소비자에 해당하는 동물에게 일어나는
생물 농축 현상에 대해 알아봅시다.

6

여섯 번째 수업

동물 체내의 생물 농축

교.	초등 과학 6-1	4. 생태계와 환경
과.	고등 과학 1	6. 에너지와 환경
과.	고등 생물 I	9. 생명 과학과 인간의 생활
연.	고등 화학 I	2. 화학과 인간
계.	고등 생물 II	4. 생물의 다양성과 환경

카슨이 조금 심각한 표정을 지으며
여섯 번째 수업을 시작했다.

물에서의 생물 농축

여러분, 강이나 바다에 가서 실수로 음료수를 쏟은 적이 있지 않나요? 그때 물속에 쏟은 음료수가 잘 보이던가요? 아마 흔적도 없이 사라졌을 것입니다. 그리고 내가 쏟은 음료수 때문에 강이나 바다가 오염될 것이라는 생각은 하지 않았을 거예요. 드넓은 바다나 강에 약간의 화학 물질을 흘렸다고 해서 바닷물이나 강물의 모습이 눈에 띄게 달라지지 않으니 그러한 생각이 드는 것이 당연합니다.

그러나 강이나 바다에서 나타나는 수질 오염의 일반적인 특징은 화학 물질이 물속으로 확산되어 매우 빠르게 생태계에 농축된다는 것입니다. 다시 말하면 물속에서의 생물 농축 현상은 화학 물질의 확산과 농축의 원리가 적용되고 있다는 것이지요.

오래전 미국 뉴멕시코 주의 한 호수에서 실험한 결과를 인용하여 여러분이 쉽게 이해할 수 있도록 설명해 볼게요.

과학자들은 그 호수에 톡사펜(toxaphene)이라는 살충제를 주입하고 며칠 후에 호수에 남아 있는 톡사펜의 양을 측정해 보는 실험을 하였습니다. 톡사펜은 현재 사용이 금지된 살충제 중 하나로, 사람의 몸속에 흡수되었을 때 암을 유발할 가

과학자의 비밀노트

톡사펜(toxaphene)

미국에서 어떤 목적으로도 사용할 수 없도록 규정되어 있는 살충제이다. 사람이 많은 양을 호흡을 통해 들이키거나 음식물을 통해 섭취할 경우 허파, 신경, 콩팥 등에 치명적인 손상을 입어 사망할 수 있다. 톡사펜은 송진과 비슷한 냄새가 나고, 노란색을 띠며, 보통 고체나 기체 상태로 존재한다. 주로 미국 남부 지역에서 목화나 기타 작물의 해충 또는 가축의 해충을 잡기 위해 쓰였다. 자연 환경에서 분해되는 속도가 매우 느려서 어류와 포유류의 몸속에 느리게 축적되어 큰 피해를 입힌다.

능성이 높은 화학 물질입니다.

과학자들이 호수에 들어 있는 톡사펜의 양을 측정한 결과, 물속에는 0.01~0.28ppm의 톡사펜이 포함된 것으로 조사되었습니다. ppm이란 parts per million을 줄여서 표기하는 것으로 '100만분의 1' 이라는 뜻입니다. 주로 오염 물질의 양을 측정할 때 쓰이지요.

수생 식물(물속에서 사는 식물)에는 0.4~18.3ppm, 물고기에는 2.5~15.2ppm의 톡사펜이 검출되었습니다. 호수에 톡사펜을 주입한 지 얼마 지나지 않았음에도 불구하고 톡사펜이 수생 식물이나 물고기의 체내에 물속 농도의 수십~수백

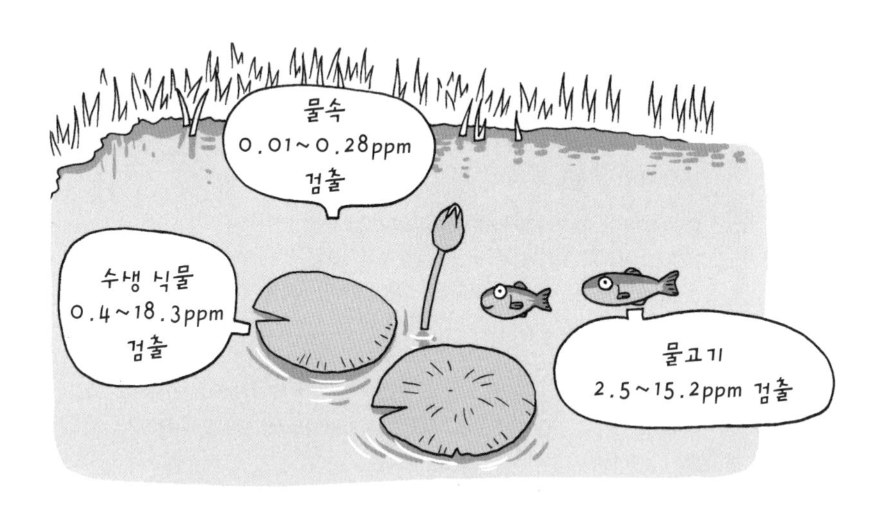

호수에서 검출된 톡사펜의 양

배로 농축된 것입니다.

수생 동물에 의한 살충제의 농축은 먹이 사슬을 따라 일어나기도 하지만 흡착이나 호흡을 통해 이루어지기도 합니다. 흡착이란 어떤 기체(또는 액체) 물질이 다른 액체(또는 고체) 물질과 접하고 있을 때, 경계면에서 기체의 농도가 증가하는 현상을 말합니다. 그리고 이 기체가 경계면에 남아 있지 않고, 액체의 내부까지 들어가는 경우를 흡수라고 합니다.

디엘드린(dieldrin, 과실나무와 채소의 해충 방제에 쓰이는 살충제로, 화학적으로 안정하나 생태계에 오래 잔류하는 성질 때문에 현재 사용이 금지되었음)이라는 염소계 살충제와 개구리를 대상으로 실시한 실험을 통해 살펴보도록 합시다.

과학자의 비밀노트

ppm(parts per million)과 ppb(parts per billion)

ppm은 일정한 부피의 물이나 공기의 무게가 1일 경우 이 속에 $\frac{1}{100\text{만}}$ 무게만큼의 오염 물질이 포함된 것을 말한다. 예를 들면 물 1kg은 1,000g이고, 1g은 1,000mg이다. 따라서 물 1kg을 mg으로 환산하면 1,000,000mg이 된다. 그러므로 물 1kg에 오염 물질이 1mg 포함되어 있다면 이것이 곧 1ppm이라 할 수 있다. 그리고 농약과 같은 오염 물질은 환경 중에서 검출되는 양이 매우 적기 때문에 ppb 단위를 사용하기도 한다. ppb는 $\frac{1}{10\text{억}}$을 의미하며, ppm의 $\frac{1}{1000}$에 해당한다.

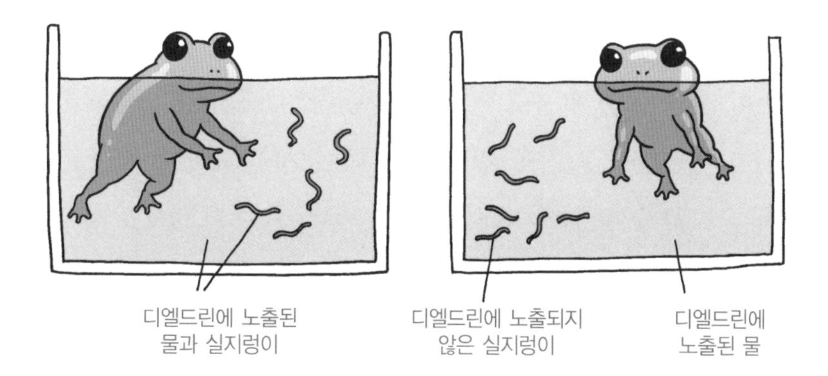

2개의 수조에 각각 개구리 한 마리씩을 넣은 후, 한 수조에는 5ppb의 디엘드린이 노출된 물과 실지렁이를 먹이로 넣어 주고, 다른 수조에는 물만 디엘드린에 노출되고 실지렁이는 디엘드린에 노출되지 않은 것을 넣어 주었습니다.

얼마 후 두 개구리의 체내 디엘드린의 양을 측정한 결과, 몸속에 축적된 디엘드린 함량이 거의 동일한 것으로 나타났습니다. 이는 먹이 사슬을 통해 디엘드린이 이동하기도 하지만 호흡이나 흡착을 통해서도 화학 물질의 생물 농축이 일어난다는 것을 의미하는 것이지요. 물속에 녹아 있는 디엘드린이 개구리 몸의 표면에 흡착되어 체내로 흡수되었다는 것을 보여 주는 실험 결과라 할 수 있습니다.

물속 생태계에 들어온 DDT와 같은 유기 염소계(염소를 포함하는 유기 화합물) 살충제는 비교적 빠르게 수생 동물에 의

해 섭취됩니다. 그렇지만 수생 하등 동물이 섭취한 살충제가 먹이 사슬을 통해 물고기를 잡아먹는 조류에 영향을 미치기까지는 상당한 시간이 걸립니다. 먹이 사슬을 통해 이동해 가는 시간이 필요하기 때문이지요. 이는 물새의 DDT 생물 농축 현상에 대한 연구 결과로부터 알 수 있습니다.

미국 미시간 호 부근 1,000km^{2}의 사과밭에 해충을 없애기 위해 매년 DDT 30t을 포함한 다양한 살충제를 사용하였습니다. 그 후 1964년 조사에서 수심 10～30m 깊이의 퇴적물에 평균 0.014ppm의 DDT가 포함되어 있는 것을 알아냈습니다. 그리고 호수의 바닥에 서식하는 동물들에게는 평균 0.41ppm의 DDT 화합물이 검출되었다는 연구 결과가 발표되었습니다.

또한 미시간 호에서 겨울을 지내는 오리의 가슴 부분에서 6.33ppm, 뇌에서 1.67ppm, 체지방에서는 138.0ppm의 DDT 화합물이 검출되었습니다. 오리는 호수 바닥을 기어다니는 동물을 먹이로 하므로, 이러한 오염 경로는 먹이 사슬에 의한 것임을 알 수 있습니다.

특히 체지방에서의 DDT 화합물이 가장 많이 축적된 것을 알 수 있었습니다. 체지방은 몸속에 있는 지방의 양을 일컫는 말로, 여러분도 비만과 관련해서 많이 들어보았을 겁니

DDT 화합물에 중독된 오리

다. 체지방은 섭취한 영양분 중 쓰고 남은 잉여 영양분을 몸 안에 축적해 놓은 에너지 저장고로 에너지가 필요할 때 분해되어 에너지를 생산합니다. 네 번째 수업 시간에 유기 화합물이 지방에 잘 녹는다는 것을 학습했던 기억이 나지요?

__ 네, 기억나요. 염소를 포함하는 유기 화합물은 지방에 잘 녹아들어 높은 농도로 생물 농축된다고 말씀하셨어요.

네, 정확히 기억하고 있군요. 그래서 DDT 화합물이 오리의 체지방에 가장 많이 농축된 것입니다.

한편, 그 호수에 사는 다른 수생 생물의 DDT 함량을 검사한 결과, 송어와 연어의 몸속에서도 DDT가 검출되었으며,

호수의 최종 소비자인 갈매기의 몸속에 가장 많이 농축되었음을 알 수 있었습니다. 갈매기의 부위별로 살펴보면 가슴 부위에서 99.0ppm, 뇌에서 20.8ppm, 체지방에서 2,441ppm의 DDT 화합물이 검출되었다고 합니다. 즉 체지방에 가장 많은 양이 농축된 것이지요.

갈매기의 체지방 중 DDT 화합물의 농도는 호수 퇴적물

DDT 화합물에 중독된 갈매기

농도의 약 17만 배에 달했으며, 갈매기 알의 30～35%가 부화되지 않았다고 하니 물속에서의 생물 농축의 피해가 상당하다고 할 수 있지요. 이는 유기 염소계 살충제들이 비교적 안정하여 물속에서 잘 분해되지 않고 지방에 용해되기 쉬운 성질을 갖고 있기 때문에 나타난 현상이랍니다.

이와 같이 물속 생태계의 오염은 처음 농도가 다소 미미하여 영향을 거의 주지 않는 것처럼 보이지만 수년 후에는 물에 살지 않는 동물에게까지 엄청난 피해를 입힐 가능성이 있다는 것을 알아야 합니다.

육상에서의 생물 농축

육상 생물이 살아가는 터전인 토양의 오염은 생태계에 직접적인 영향을 주기도 하지만, 토양 속 생물이 오염되어 그 생물을 먹이로 하는 동물들에게 영향을 미치기도 합니다.

미국에 퍼졌던 느릅나무병에 대한 이야기로 그 예를 살펴보도록 할게요.

미국은 한때 유럽으로부터 들여온 느릅나무에 느릅나무병이 퍼져 거의 모든 느릅나무들이 말라죽은 적이 있었습니다.

느릅나무

느릅나무는 느릅나무과의 식물로 겨울에 잎이 지는 키가 큰 나무입니다. 생김새는 같은 느릅나무과 식물인 느티나무와 비슷합니다.

이 느릅나무병의 원인은 '느릅나무병 곰팡이' 라는 균 때문인데, 이 병에 걸린 느릅나무들은 조금씩 시들어가다가 결국 말라죽게 됩니다. 그래서 '느릅나무시들음병' 이라고도 한답니다. 느릅나무병에 걸려 죽은 느릅나무에 느릅나무좀(딱정벌레목 나무좀과 동물)이 알을 낳아 부화한 후, 느릅나무병 곰팡이를 다른 느릅나무에 옮겨 크게 확산되는 결과를 낳았습니다.

이 병을 막기 위해 미국에서는 느릅나무병 곰팡이를 퍼뜨리는 느릅나무좀을 없애려 했습니다. 그래서 엄청난 양의 DDT를 뿌렸습니다. 그런데 이로 인해 미국 거의 모든 지역에 살고 있는 물새들이 떼죽음을 당했다고 합니다. 왜냐하면 대부분의 물새들이 DDT로 오염된 토양에 서식하는 지렁이를 먹으며 살고 있었기 때문이지요.

일반적으로 토양의 표토층(땅의 표면에 있는 토양의 층)에 서식하는 작은 지렁이들이 화학 물질을 많이 농축하는 것으로 알려져 있습니다. 표토층에는 낙엽과 미생물이 많으며 지렁이와 같은 작은 동물이 살아서 영양 물질이 많지요. 토양의 가장 표면에 있는 토양층이니 살충제가 뿌려지면 대부분이 표토층에 분포하게 될 겁니다. 그래서 토양 속을 헤집고 다

니며 토양과 그 속에 있는 영양분을 흡수하는 지렁이들은 토양 속 살충제를 함께 흡수하게 되겠지요.

여러분은 지렁이가 토양에 살면서 어떤 일을 하는지 알고 있지요? 토양 중에서도 특히 표토층에는 식물체로부터 온 유기물과 여러 종류의 미생물, 작은 동물들의 배설물, 무기물 등 다양한 물질들이 섞여 있습니다. 지렁이가 이러한 것들을 먹고 배설함으로써 토양을 비옥하게 하고, 공기층을 형성하여 더 많은 생물들이 살아갈 수 있도록 돕는 것입니다.

일반적으로 지렁이 한 마리가 1년에 먹어서 소화시키는 토양의 양이 약 800g 정도가 된다고 해요. 정말로 몸집에 비해

많은 양의 토양, 즉 흙을 먹고 있는 셈이지요. 이렇게 많은 양을 처리하다 보니 토양 속의 화학 물질이 체내로 들어올 확률 또한 높아지게 됩니다. 이 지렁이를 먹는 새의 경우는 생물 농축이 더 심하겠지요. 게다가 대부분의 새들이 표토층에 서식하는 작은 지렁이들을 먹이로 선호하기 때문에 살충제가 지렁이보다 더 높은 농도로 농축되는 것이지요.

또한 육상에서는 곤충들의 생물 농축 현상이 잘 나타나는데, 그 이유는 대부분의 살충제가 곤충에게 잘 흡수되도록 만들어졌기 때문입니다. 비록 해를 입지 않는 곤충이 있다고 할지라도 그것을 먹이로 하는 다른 곤충은 그 살충제가 농축되어 죽을 수도 있습니다. 한 가지 실험의 예를 통해 설명해 볼게요.

개여뀌라는 식물에 BHC 살충제를 뿌렸습니다. 그리고 이 개여뀌를 풀멸구에게 이틀 정도 먹게 하였는데, 풀멸구는 아무 이상이 없었습니다. 그런데 이 풀멸구를 거미에게 먹이로 주자 거미에게 이상한 증상이 나타나기 시작했습니다. 행동이 조금씩 느려지더니 마비 상태가 되어 먹이도 제대로 먹지 못하다가 결국에는 죽는 것이었습니다. 이것으로 BHC는 풀멸구에는 거의 작용하지 않는다는 것과 거미는 풀멸구의 체내에 축적되어 있는 BHC에 의해 죽게 된다는 사실을 알 수

있었습니다.

여러분, 동물의 생물 농축으로 인한 피해는 어느 날 갑자기 나타나는 것이 아니라 서서히 다가온다는 것을 이제 확실히 알았지요? 넓은 바다에 적은 양의 화학 물질이 녹아들어 갔을 때 처음에는 그 영향이 미미할 것이라는 생각이 들겠지

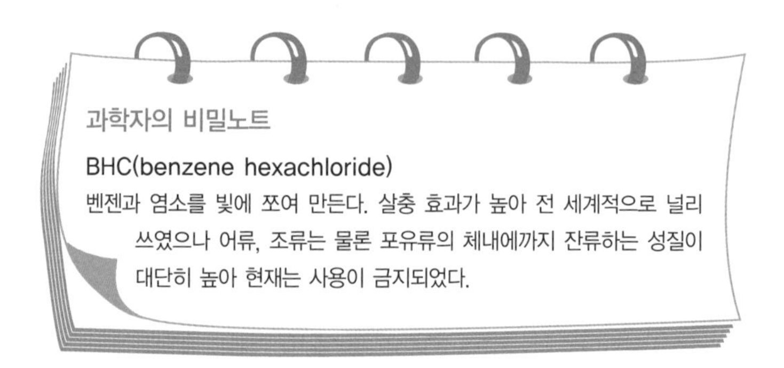

과학자의 비밀노트

BHC(benzene hexachloride)

벤젠과 염소를 빛에 쪼여 만든다. 살충 효과가 높아 전 세계적으로 널리 쓰였으나 어류, 조류는 물론 포유류의 체내에까지 잔류하는 성질이 대단히 높아 현재는 사용이 금지되었다.

만, 계속해서 오염 물질이 쌓이게 된다면 생각지도 못한 피해를 입게 된다는 것을 잊어서는 안 됩니다.

그리고 풀멸구처럼 화학 물질에 잘 견뎌 피해가 없을 것으로 여겨졌던 동물을 먹이로 할 때 그 포식자가 오히려 더 커다란 피해를 입는다는 것도 알았을 것입니다. 이것이 바로 생물 농축에 의한 피해의 원리라고 할 수 있습니다.

다음 시간에는 여러 생물에게 피해를 끼치는 화학 물질인 환경 호르몬과 생태계의 자정 작용에 대해서 알아보도록 하겠습니다.

만화로 본문 읽기

우아! 강물에 우유를 쏟았는데 금방 깨끗해 졌어요.
오늘은 물속에서 화학 물질의 확산과 생물 농축의 원리가 적용되고 있다는 실험 이야기를 해 볼게요.

실험 이야기요?
네, 오래전 미국 뉴멕시코 주에서 물속 생태계의 생물 농축 현상을 알아보기 위해 한 호수에 과학자들이 톡사펜이라는 살충제를 주입하였어요.

그리고 얼마 후 물속, 수생 식물, 물고기에 들어 있는 톡사펜의 양을 측정했더니 이러한 결과가 나왔답니다.
톡사펜 검출량
물속: 0.01~0.28ppm
물고기: 2.5~15.2ppm
수생 식물: 0.4~18.3ppm

얼마 지나지 않았는데도 톡사펜이 수생 식물이나 물고기의 체내에 물속보다 수십 ~ 수백 배로 농축되었다는 것을 알게 되었죠.
엄청난 양이네요.
톡사펜

토양에서의 생물 농축 현상은 어떤가요?
토양에서 같은 실험을 했을 때도 토양을 먹고 사는 지렁이에게 더 많은 양이 농축되고, 지렁이를 먹고 사는 새에게 더 많은 양의 생물 농축이 나타났답니다.
농약

또 수생 동물에 의한 살충제의 농축은 흡착이나 호흡을 통해 이루어지기도 해요. 디엘드린에 노출되지 않는 실지렁이를 먹은 개구리에게서 디엘드린이 검출된 것으로 알 수 있지요.
아~, 그렇군요.
디엘드린 검출
디엘드린에 노출되지 않은 실지렁이
디엘드린에 노출된 물

환경 호르몬에 의한 생물 농축과 자정 작용

환경 호르몬이 생물 농축 현상과 어떤 관련이 있는지 살펴보고,
유해 물질이 사람에게 도달하기 전에 제거할 수 있는 방법을 알아봅시다.

7

마지막 수업

환경 호르몬에 의한 생물 농축과 자정 작용

교과연계		
교.	초등 과학 6-1	4. 생태계와 환경
과.	고등 과학 1	6. 에너지와 환경
연.	고등 생물 Ⅰ	6. 자극과 반응
계.	고등 화학 Ⅰ	2. 화학과 인간
	고등 생물 Ⅱ	4. 생물의 다양성과 환경

카슨이 환경 호르몬에 대해 이야기하며
마지막 수업을 시작했다.

환경 호르몬이 생물에 미치는 영향

여러분은 호르몬에 대해 들어본 적이 있을 거예요. 호르몬이란 무엇일까요?

__ 우리 몸속에 있는 물질이지요.

__ 몸이 건강하게 자랄 수 있도록 하는 물질이에요.

네, 맞습니다. 호르몬은 혈액을 통해 여러 신체 기관으로 운반되어 그 기관들이 제 기능을 하도록 조절해 주는 화학 물질입니다. 일반적으로 신체의 내분비 기관에서 생성되는 화

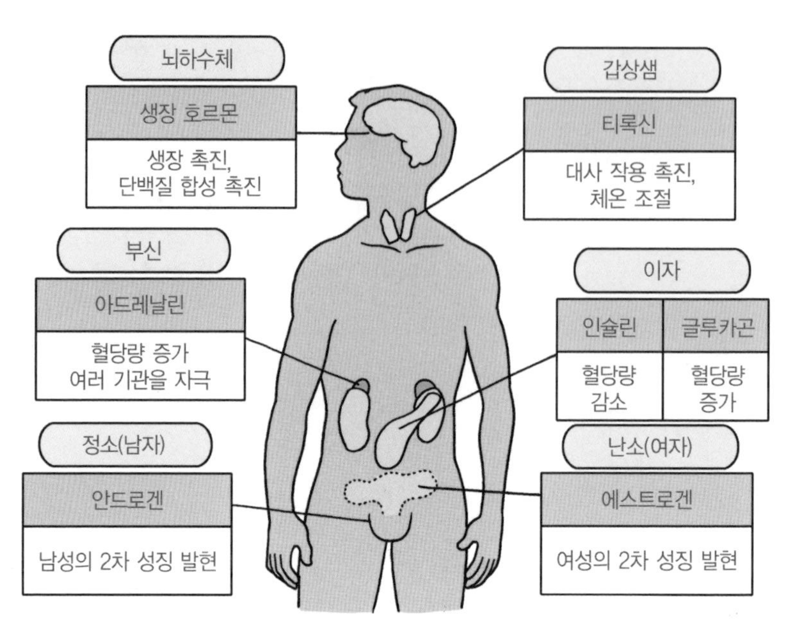

사람의 내분비 기관

학 물질들을 통틀어 일컫지요.

각각의 호르몬이 어떤 역할을 하는지 알아볼까요? 호르몬을 분비하는 내분비 기관에는 갑상샘, 뇌하수체, 부신, 정소와 난소, 이자 등이 있습니다. 호르몬은 신체의 생장, 생식, 물질대사, 체내 환경을 일정하게 유지하도록 하는 기능을 합니다. 즉, 호르몬은 비타민처럼 우리 몸에서 아주 적은 양만으로도 신체 기관들이 제 기능을 할 수 있도록 조절하는 역할을 합니다.

그렇다면 환경 호르몬이란 무엇일까요? 환경 호르몬은 외부 환경으로부터 우리 몸에 들어와 호르몬 기능에 변화를 주는 물질을 일컫는 말입니다. 즉, 호르몬을 분비하는 내분비기관의 기능을 못하도록 방해하기 때문에 '내분비계 장애 물질'이라고도 부르지요. 그렇지만 말이 조금 어려우니 나는 환경 호르몬이라고 하겠습니다.

환경 호르몬이 호르몬의 기능을 방해 또는 변화시킨다고 했으니 신체의 생장, 생식, 물질대사 등의 기능에 영향을 준다고 할 수 있겠지요. 환경 호르몬은 농약뿐만 아니라 산업용으로 사용되는 많은 화학 물질, 식품 첨가물들 중 일부가 해당한다고 알려져 있습니다.

그렇다면 환경 호르몬이 다른 생물에는 어떤 영향을 미치는지 알아봅시다.

물속에 사는 물벼룩은 식물 플랑크톤을 먹이로 합니다. 물벼룩이 살고 있는 환경에 농약의 일종인 PCB에 의한 오염이 발생하면 물벼룩은 자연스럽게 PCB를 섭취하게 되지요. 대략 10일 정도 지나면 물벼룩에 들어 있는 PCB 농도는 물속 농도의 100배 정도가 됩니다. 그런데 물벼룩을 먹이로 하는 작은 새우들은 평생 수백 마리의 물벼룩을 먹습니다. 새우의

몸속에 훨씬 많은 PCB가 농축되는 것이지요.

새우는 자라면서 수컷이 암컷으로 성전환을 합니다. 사람은 태어날 때부터 남자와 여자가 정해지지만, 덜 발달된 동물 중에서 새우와 같은 동물의 경우에는 자라면서 환경에 따라 수컷이 되거나 암컷이 되기도 한답니다. 그런데 PCB가 이러한 성전환을 방해합니다.

새우가 PCB에 중독되면 암컷은 거의 사라지고 대부분 수컷만이 존재하게 됩니다. 문제는 수컷은 알을 낳지 못한다는 겁니다. 그렇게 되면 언젠가는 새우가 사라질지도 모를 일이지요. 새우가 사라지면 여러분이 좋아하는 새우로 만든 햄버거, 새우튀김, 새우 볶음밥 그리고 새우 과자까지 모두 사라져 버릴 테니 너무 슬프지 않겠어요?

그리고 이러한 새우를 빙어나 송어가 먹이로 삼고 있으니 빙어나 송어에게까지 영향을 미치게 되겠지요. 이러한 일들이 모두 먹이 사슬을 따라 환경 호르몬도 생물 농축되기 때문에 나타나는 현상이랍니다.

선박이나 해양 구조물에 칠하는 페인트의 원료가 되는 TBT(tributyltin)는 전 세계적으로 바다 밑바닥이나 갯벌을 오염시켜 굴이 자라지 못하거나 기형이 되게 합니다. 실제로 프랑스에서는 TBT로 오염된 바다의 굴 양식장에서 기형적

인 굴이 발견되기도 하였습니다.

그리고 바다에서 생물 농축된 환경 호르몬은 먼 거리 지역에까지 영향을 미치기도 합니다. 예를 들어 환경 호르몬에 오염된 바다에서 살던 연어가 생물 농축된 후, 자신이 태어났던 강으로 거슬러 올라와 죽음으로써 다른 하천을 오염시킵니다. 이들의 시체를 가재가 먹고 가재를 뱀장어가 먹으면서 생물 농축이 진행되지요.

그리고 원거리를 이동하는 습성이 있는 뱀장어 또한 다른 곳으로 이동하면서 그곳을 환경 호르몬에 노출시킵니다. 바다에서 살다가 때가 되면 강으로 회귀하여 산란하는 연어와는 반대로, 뱀장어는 갯벌 또는 육지의 얕은 민물에 살다가 때가 되면 태평양 깊은 곳으로 헤엄쳐 가 산란을 합니다.

바다의 환경 호르몬을 육지로 이동시키는 연어나 육지의

연어와 뱀장어

환경 호르몬을 바다로 이동시키는 뱀장어는 특정 지역의 화학 물질에 의한 피해가 그 지역에서만 그치는 것이 아니라 예상하지도 못한 곳까지 영향을 미쳐서 국제적인 문제가 될 수도 있다는 것을 의미합니다.

1990년대 초에는 지중해 지역에 사는 줄무늬 돌고래 약 1,000여 마리가 죽어가는 사건이 발생하기도 했습니다. 조사

과학자의 비밀노트

회귀어, 연어와 뱀장어

'회귀'란 말은 되돌아온다는 뜻으로, 자신이 태어난 곳으로 돌아오는 것을 말하며, 연어와 뱀장어와 같이 회귀하는 어종을 '회귀어'라고 한다. 강에서 부화한 어린 연어는 바다로 이동하여 6개월~5년 동안 생활하며 주로 새우, 오징어, 작은 물고기 등을 잡아먹는다. 그리고 어른 연어가 되어 산란기에 이르면 다시 강으로 되돌아간다. 뱀장어는 민물에서 5~12년간 살다가 8~10월에 산란하기 위해 바다로 내려가 16~17℃의 높은 수온과 높은 염분도를 가진 깊은 바다에서 알을 낳는다. 부화된 새끼 뱀장어는 난류를 따라 1~3년의 기간을 거쳐서 연안에 다다른다.

결과 정상 줄무늬 돌고래보다 2~3배 많은 PCB가 체내에 축적되어 있다는 것을 알게 되었습니다.

PCB에 의해 생물 농축된 줄무늬 돌고래는 허파 이상, 호흡 곤란, 면역 기능 감퇴 등의 증상을 보이며 죽게 된 것입니다. 환경 호르몬이 작은 동물뿐만 아니라 커다란 동물에게까지 영향을 미친다는 것을 알게 된 사건이었지요.

그리고 외국의 한 대학 연구팀은 PCB에 노출된 생선을 먹은 임산부가 조산을 하거나 체중 미달 혹은 소형의 뇌를 가진 아기를 출산할 수 있다는 결과를 발표하여 충격을 주었습니다. 이것은 환경 호르몬이 먹이 사슬을 따라 이동하는 것은 물론, 부모로부터 자손에게까지 전달된다는 것을 알려 주는

보고였습니다.

환경 호르몬은 환경에 노출된 화학 물질이 생물체 내로 유입되어 마치 호르몬처럼 작용하는데, 정상 발육을 가로막을 뿐만 아니라 수컷의 정자 수를 감소시키고, 생식 기능 및 모든 생리 작용에 나쁜 영향을 미치는 것으로 알려져 있습니다. 일본의 한 대학 교수는 환경 호르몬이 일상생활에서 접하는 거의 모든 제품에 포함되어 있다고 주장하기도 했습니다. 그 말이 사실이라면 심각한 문제가 아닐 수 없겠지요.

한때 동남아 국가에서 여러 나라로 수출하는 콩에서 DDT와 BHC 등이 검출되어 충격을 주기도 하였습니다. 간장, 된장 등 콩을 이용한 음식물을 많이 섭취하는 한국의 경우, 이러한 물질이 들어 있는 콩의 수입은 인체에 치명적인 영향을

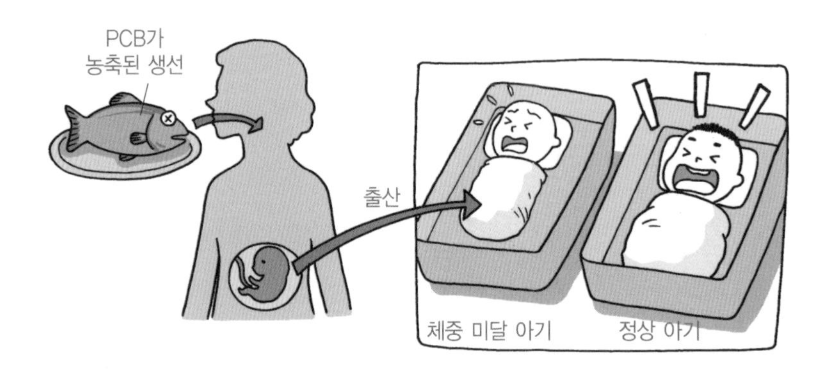

미칠 수 있습니다.

그러나 이러한 물질들의 농도가 유엔식량농업기구(FAO)나 세계보건기구(WHO)의 허용 기준치에 미달된다는 이유로 수출하는 데 아무런 문제가 되지 않는다고 합니다. 사람들의 건강보다 국가적 이익만을 챙기겠다는 안일한 생각에서 나온 결정이라고 할 수 있지요. 그래서 최근 국제 학계에서는 허용 기준치 자체에 대한 안전성 논란이 제기되기도 하였습니다.

죽음의 재, 다이옥신

인류가 만든 최악의 독성 물질로 알려지며 '죽음의 재'로 불리는 다이옥신도 환경 호르몬의 일종입니다. 다이옥신은 1957년에 처음 발견되었는데, 그 당시 미국의 농가에서 사용하는 제초제에 인체에 치명적인 해를 끼치는 염소계 유기 화합 물질이 함유되어 있음이 밝혀졌습니다. 이것이 바로 다이옥신입니다.

다이옥신은 원래 자연계에 존재하던 물질이 아닙니다. 그렇다고 사람이 특정한 목적을 가지고 인위적으로 만들어 낸

물질도 아니지요. 누구도 전혀 의도하지 않은 가운데 우연히 발견된 합성 화합 물질입니다.

다이옥신이 자연에 노출될 경우 안정한 상태로 존재하고, 잘 분해되지 않기 때문에 적은 양이라 할지라도 오랫동안 생물체 내에 축적됩니다. 그래서 체내에 들어간 다이옥신은 수십 년이 지난 때부터 혹은 몇 대가 지난 후에 피해를 보게 될 수도 있습니다. 그리고 한 번 증상이 나타나면 거의 회복이 불가능하다는 특징이 있습니다.

다이옥신은 독극물로 잘 알려진 청산가리의 1만 배에 달하

는 맹독을 가진 물질입니다. 대기 중에 방출된 다이옥신은 빗물에 섞여 물과 토양을 오염시키며, 오염된 토양에서 자란 채소나 풀을 먹은 가축을 통해 인체에까지 침투합니다. 그뿐만 아니라 자동차와 소각로의 배기가스, 담배 연기 등에 들어 있어 호흡을 통해서도 침투하게 되지요.

1976년 이탈리아 북부의 롬바르디 지역의 세베소라는 마을에 한 제약 회사 공장이 위치하고 있었습니다. 그런데 어

일상생활에서 다이옥신을 배출하는 경우

느 날 공장에서 다량의 다이옥신과 염소 가스 등이 누출되는 사고가 발생했습니다. 이 회사는 의료용 비누인 헥사클로로펜(hexachlorophene) 생산을 위해 TCP(trichlorophenol)를 제조하고 있었습니다.

이 사고는 TCP를 담는 용기가 지나친 압력을 받아 안전밸브의 표면이 파열되면서 발생한 것입니다. 이로 인해 혼합된 화학 물질과 독성이 매우 강한 다이옥신이 쏟아져 나오게 된 것이지요.

공장에서 발생한 화학 물질이 불과 15분 만에 세베소를 비롯한 인근 11개 마을로 퍼져 나갔으며, 이들 화학 물질은 1시간 이상 누출되어 구름처럼 온 마을을 뒤덮었습니다. 연기 속에 잠깐만 있어도 답답하고 기침을 나오는데 1시간 이상 화학 물질 연기 속에 있었다니 생각만 해도 끔찍하지요!

피해는 그뿐만이 아니었습니다. 누출된 다이옥신은 주변 토양을 오염시켜 토양에서 자라던 곡식이나 채소, 과일 등의 농작물까지 모두 오염시키고 말았습니다. 심지어 농장에서 기르던 가축들까지 병들거나 죽어 갔습니다.

그래서 먹이 사슬을 통해 다이옥신이 축적되는 것을 우려하여 약 2년 동안 약 8만 마리의 가축을 도살시켰다고 하니 그 피해가 실로 막대하다고 할 수 있겠지요. 순간적인 사고가 환경뿐만 아니라 경제에도 엄청난 영향을 끼친 것입니다.

또한 이러한 것들을 식량으로 삼았던 사람들에게도 엄청난 피해가 나타났습니다. 마을 주민들이 입은 화상이나 피부 염증과 같은 직접적인 피해 외에도 태아에게 다이옥신이 전달되어 유산되거나 기형아 출산을 우려한 낙태 사례도 100여 건이나 되었다고 합니다.

사건 발생 이후 대대적인 정화 작업이 이루어졌지만 토양에 잔류하는 다이옥신의 독성 때문에 이 지역에 대한 접근은 한동안 금지되었고, 지금도 세베소의 중심부는 사람들이 출

세베소 사건

입조차 할 수 없도록 폐쇄된 상태입니다. 세베소 사건은 최근 환경 오염 물질로 크게 논란이 되고 있는 다이옥신의 독성을 과학적으로 규명한 최초의 사건이라 할 수 있습니다.

이 사건 이후 세베소의 피해 지역을 대상으로 토양에 잔류하는 다이옥신이 생물과 인체에 어떤 영향을 미치는지에 관한 과학적인 연구가 실시되었습니다. 이 연구를 통해 다이옥신은 생물체 내에서 분해되지 않고 고농도로 농축되며, 미량으로도 인체에 암을 유발할 가능성이 높은 물질이라는 사실이 밝혀졌습니다. 또한 다이옥신은 자연계에서 쉽게 분해되지 않음은 물론 고온에서 태워도 타지 않기 때문에 매우 위험한 유해 물질임이 밝혀졌지요.

그 이후 다이옥신은 플라스틱 쓰레기의 염화 비닐 성분이 탈 때 발생하는 연기 속에 포함되어 있다는 것과 하수 처리장에서 나오는 찌꺼기, 퇴비, 제지 공장 같은 산업 시설에서도 배출되는 것으로 알려졌습니다. 심지어 염소 표백제에 레몬주스를 섞어도 만들어진다는 실험 결과가 있을 정도로 다이옥신의 생성 경로는 다양합니다.

폐비닐이나 쓰레기를 함부로 태우거나 버리지 말아야 하는 이유 중 하나가 바로 다이옥신과 같은 환경 호르몬 때문이라 할 수 있겠지요.

다이옥신에 대한 피해 사례를 한 가지 더 이야기하겠습니다. 1989년 북해와 1992년 발트해에서는 물개가, 1989년 미국의 동쪽 해안가에서는 돌고래가 떼죽음을 당하고, 1994년 지중해에서도 돌고래들이 죽는 사건이 발생했습니다. 이 돌고래의 죽음에 대해 조사한 결과 합성 물질이나 중금속이 동물의 면역 체계를 감소시켜 병원균에 쉽게 감염되었기 때문이라는 것을 알아냈습니다.

실제로 1987년 스페인 바르셀로나 대학의 연구 결과, 건강한 돌고래보다 물가에 밀려온 죽은 돌고래의 PCB 축적량이 2~3배 정도 높은 것으로 나타났습니다. 또한, PCB와 다이옥신으로 오염된 발트해의 물고기를 먹은 물개의 경우 오염

되지 않은 지역에 사는 물개보다 항체의 반응이 낮은 것으로 보고되기도 하였지요.

환경 호르몬의 작용 원리

환경 호르몬은 생명체 내분비계의 정상적인 기능을 방해한다고 했지요. 그렇다면 환경 호르몬이 우리 몸에 어떻게 작용하여 정상 호르몬의 기능을 방해하는지 알아보겠습니다.

카슨은 종이로 만든 호르몬 모형을 꺼내어 정상 호르몬 종잇조각을 붙이면서 설명했다.

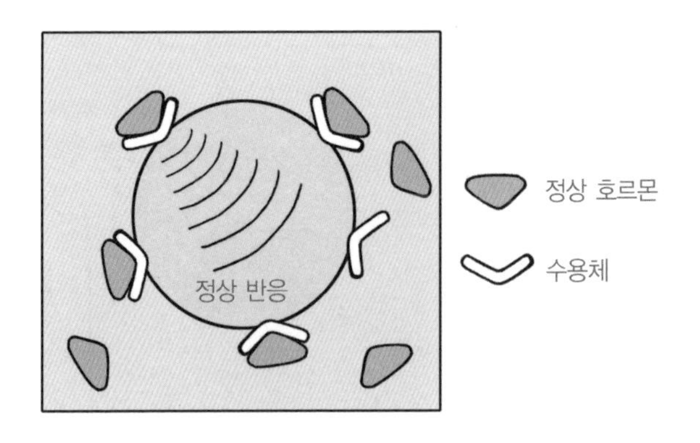

정상 호르몬의 작용

내분비 기관의 구조와 기능을 잘 이해한다면 환경 호르몬의 작용 원리를 쉽게 이해할 수 있을 것입니다. 환경 호르몬은 호르몬의 정상적인 기능을 간섭하는 작용과 호르몬과 수용체(호르몬과 결합하여 세포 기능에 변화를 일으키는 물질)의 관계 및 그 결과로 인한 반응 여부에 초점을 맞추어 모방, 봉쇄(차단), 방아쇠(촉발) 등 3가지 경우로 설명할 수 있습니다.

첫 번째로 모방 작용이란 환경 호르몬이 마치 정상 호르몬인 것처럼 흉내 내어 호르몬 수용체와 결합한 후 세포 반응을 일으키는 것을 말합니다.

카슨이 호르몬 수용체에 모방 작용을 하는 환경 호르몬 종잇조각을 붙이면서 설명했다.

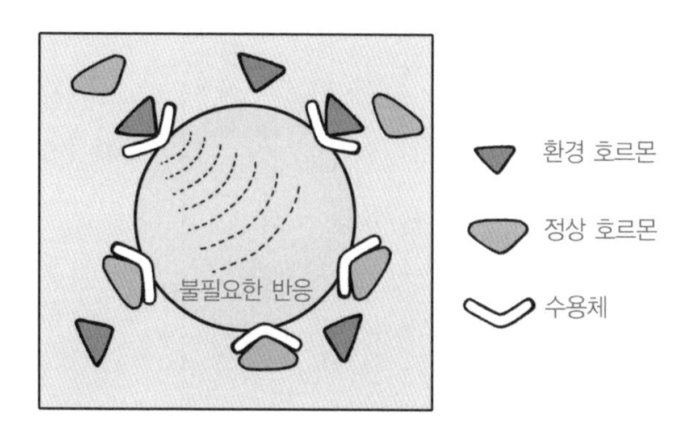

환경 호르몬의 모방 작용

모방 작용을 하는 대표적인 물질로는 DES(diethystilbe-strol)나 식물 에스트로겐 등이 있습니다. DES나 그 유사 물질은 정상 호르몬보다 강하거나 혹은 약하게 작용하여 내분비계의 교란(어지럽거나 혼란스럽게 만듦) 작용을 유발할 수 있습니다. 이렇게 세포 반응을 교란시킴으로써 인체의 기능에 영향을 미치는 것입니다. 이 세포 반응의 강도는 보통 정상 호르몬보다 훨씬 약하지만 종종 더 강한 경우도 있습니다.

두 번째로 봉쇄 작용이란, 정상 호르몬의 작용을 차단하는 작용을 말합니다.

카슨이 호르몬 수용체에 봉쇄 작용을 하는 환경 호르몬 종잇조각을 붙이면서 설명했다.

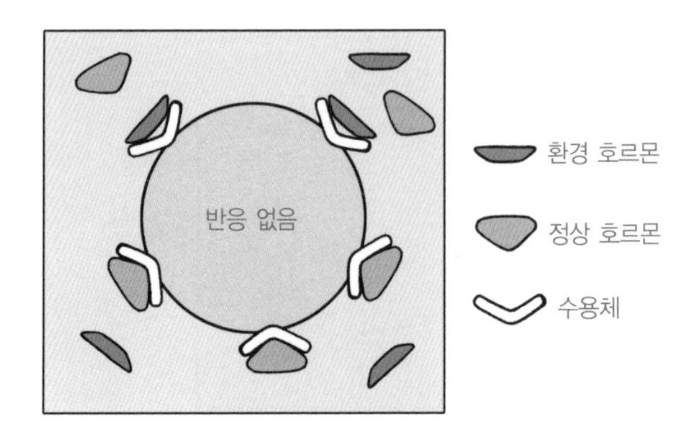

환경 호르몬의 봉쇄 작용

환경 호르몬이 수용체의 결합 부위를 봉쇄함으로써 정상 호르몬이 수용체에 접근하는 것을 막아 내분비계가 기능을 발휘하지 못하도록 하는 것입니다. 예를 들어 DDE(DDT의 분해 산물)라는 환경 호르몬은 혼자서는 호르몬으로 작용하지 않지만, 체내에 들어올 경우 수용체를 막아버림으로써 정상 호르몬의 기능을 마비시킵니다.

세 번째로 방아쇠 작용이란, 총의 방아쇠를 당겨 총알이 날아가게 하는 것처럼 호르몬 작용을 받지 않는 세포나 조직에 호르몬 작용과 같은 기능을 하도록 유도하는 것을 말합니다.

카슨이 호르몬 수용체에 방아쇠 작용을 하는 환경 호르몬 종잇조각을 붙이면서 설명했다.

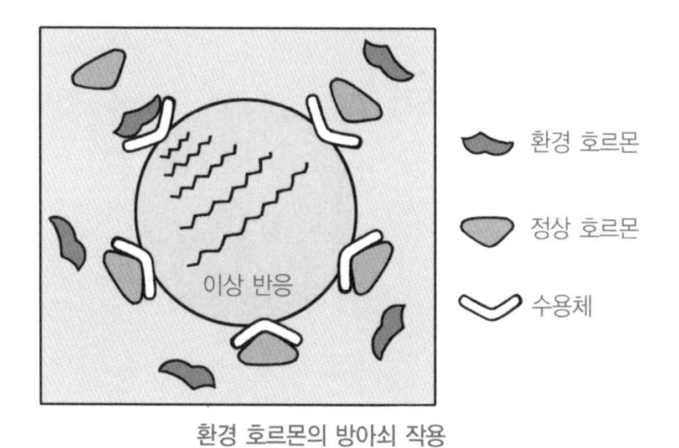

환경 호르몬의 방아쇠 작용

환경 호르몬이 수용체와 반응함으로써 정상적인 호르몬 작용에서는 일어나지 않는 세포 분열이나 물질의 대사와 합성 등의 변화를 유발하게 합니다. 이러한 영향으로서는 단백질 수용체와의 결합, 발암 과정 같은 비정상적 분화와 증식, 대사 이상, 불필요한 물질의 생성 등입니다. 다이옥신 및 그 유사 물질 등이 여기에 해당됩니다.

여러분은 플라스틱류에서 유출되는 환경 호르몬이 우리 건강을 위협한다는 내용의 TV 방송이나 신문, 잡지, 인터넷 기사 등을 몇 차례 접해 보았을 것입니다. 한때 TV 프로그램에서 환경 호르몬의 위험성에 대해 중점적으로 소개하여 세간의 관심을 불러일으키기도 했었지요.

투명한 플라스틱 용기의 재료로 쓰이는 폴리카보네이트라는 소재는 열을 받으면 '비스페놀 A'라는 환경 호르몬을 배출합니다. 그런데 폴리카보네이트가 아기 젖병, 물통, 선글라스, 헤어드라이어, 선풍기 부품 등 일상생활에서 이미 광범위하게 쓰이고 있으며, 비스페놀 A는 음료수 캔 내부 코팅제, 병마개, 수도관 내장 코팅제로도 쓰이고 있어 환경 호르몬의 화살이 전 인류를 향하고 있음을 깨닫게 해 주었습니다.

__ 선생님, 그렇다면 저는 앞으로 플라스틱을 아예 사용하지 않겠어요!

폴리카보네이트와 비스페놀 A를 포함하고 있는 생활용품

플라스틱을 전혀 사용하는 않는 것이 가능할까요? 일부 과학자들은 방금 학생이 말한 것과 같은 대응을 '과민 반응'이라고 한답니다. 왜냐하면 우리 주변의 거의 모든 생활용품들이 환경 호르몬을 포함하고 있고, 환경 호르몬을 배출하는 제품 없이는 생활 자체가 불가능하기 때문이지요.

다만 너무 많은 환경 호르몬에 오랫동안 노출되어 있지 않도록 주의해야 할 것입니다. 그리고 호르몬 체계가 아직 확립되지 않은 청소년들은 더 조심하는 것이 좋겠지요. 성인보다 적은 양으로도 커다란 영향을 받을 수 있으니까요.

환경 호르몬의 종류와 특성

종류	내용
다이옥신	• 특성 : 맹독성 화합물로 쓰레기를 태우거나 농약을 만들 때, 염소 표백할 때 생성됨. • 영향 : 모유를 통해 아기에게 전달될 수 있고, 면역력이 떨어져 입 주위에 기형 유발, 정소가 위축되거나 불임, 태아의 발달 저해를 초래함. • 사례 : 세배소 사건 • 작용 기작 : 봉쇄, 방아쇠
DDT	• 특성 : 살충제, 농약 등으로 널리 사용되었으나 쉽게 분해되지 않고 내성(약물을 반복적으로 복용하였을 때 약효가 떨어지는 현상)이 생기며 생물 농축의 문제를 발생함. • 영향 : 생식기나 성호르몬 분비에 이상을 줄 수 있으며, 암을 유발함. • 작용 기작 : 모방, 봉쇄
비스페놀 A	• 특성 : 주변의 플라스틱 그릇이나 컵 등에서 녹아 나옴. • 영향 : 암세포 증가, 적혈구 약화, 생식 기능 이상 • 작용 기작 : 모방
스티렌	• 특성 : 컵라면 용기에 뜨거운 물을 붓거나 가열할 경우 녹아 나옴. • 영향 : 백혈병, 암 유발 • 작용 기작 : 모방
PCB	• 특성 : 열에 강하고 잘 타지 않으며, 쉽게 분해되지 않음. • 영향 : 성호르몬, 소화기, 신경계 이상, 뼈와 근육의 기형이나 피부병 유발, 심하면 사망 • 작용 기작 : 모방

종류	내용
DES	• 특성 : 1960년대 유산 방지제로 사용하였으나 부작용으로 현재 사용 금지됨. • 영향 : 임신 중 복용했을 때 자손의 생식기에 이상, 여아에게 질암 발생율 증가함. • 작용 기작 : 모방
노닐 페놀류	• 특성 : 석유 제품의 산화 방지제나 부식 방지제에 포함되어 있으며 여성 호르몬과 같은 작용을 함. • 영향 : 눈과 피부 자극, 일부 어류에서 난소와 정소를 함께 가진 자웅동체(암수가 한 몸에 있는 동물)가 나타남. • 작용 기작 : 모방
TBT	• 특성 : 선박용 페인트에 첨가되는 화합물로 부착 방해 효과가 있음. • 영향 : 어패류 내에 쌓이면 기형 유발, 성장 저해, 암컷에서 수컷의 생식기 발달, 산란 장애로 개체 수 감소 • 작용 기작 : 모방
식물 에스트로겐	• 특성 : 콩이나 클로버 등의 식물에 포함되어 있으며 에스트로겐과 비슷한 작용, 인체 내에서 수용성이 높아져 소변으로 빠르게 방출됨. • 영향 : 양들의 대량 불임(1940년대 오스트레일리아) • 작용 기작 : 모방, 봉쇄
DEHP	• 특성 : 플라스틱의 유연성을 위해 주로 사용되는 물질, 플라스틱에서 쉽게 녹아 나오지만 잘 분해되지 않고 잔류성이 높음. • 영향 : 지방에 친화성이 높아 지방을 많이 포함한 식품을 오염시키고, 섭취할 경우 체내의 지방 조직에 쌓임. 쥐의 경우 정자 수를 감소, 정소의 크기 축소

환경 오염과 자정 작용

2007년 한국의 충청남도 태안 인근 바다에서 유조선 사고로 기름이 바다에 유출된 사건이 있었지요? 태안 해안가는 물론 인근 바다가 죽음의 바다로 불릴 정도로 새까맣게 기름으로 뒤덮였지요. 여러분 중에 직접 기름 제거를 위해 태안으로 봉사 활동을 갔었던 사람도 있겠군요!

그때 수많은 동식물들이 기름으로 인해 떼죽음을 당하고, 어업에 종사하던 대부분의 인근 주민들이 막대한 재산 피해를 입었습니다.

아직도 사고의 후유증이 남아 있기는 하지만 다행히도 조금씩 생태계가 회복되고 있다고 합니다. 많은 사람들의 노력이 있었기 때문이지요. 그런데 그 많은 기름을 과연 사람들이 모두 제거할 수 있었을까요? 그렇지 못했다면 어떻게 새까맣던 기름들이 거의 사라지고 해안 생물들이 다시 나타나고 있는 것일까요?

생태계는 인간이 어떠한 처리 행위를 하지 않아도 오염 물질을 스스로 정화할 수 있는 능력을 가지고 있습니다. 스스로 정화하는 작용이라고 하여 자정 작용이라 합니다.

오염된 공기를 희석해 주는 바람, 대기 오염 물질을 씻어내

태안 기름 유출 사건

는 비, 오염된 공기를 여과시켜 깨끗한 공기를 공급해 주는 나무가 자정 작용을 담당하고 있다고 할 수 있지요. 또한 자정 작용은 생물학적 요소가 가장 크게 영향을 미치는데 그중에서도 박테리아, 곰팡이 등의 미생물이 가장 큰 기여를 합니다.

태안 해안가를 뒤덮었던 기름을 제거하는 데는 사람들의 기여도 컸지만 바닷물의 희석 작용과 미생물에 의한 분해 작용이 없었더라면 불가능한 일이었습니다. 그렇다고 해서 완벽하게 예전의 모습으로 되돌릴 수는 없을 것입니다. 왜냐하면 많은 동식물들이 한꺼번에 죽음으로써 생태계의 평형이

깨졌기 때문이지요. 하지만 우리가 노력한다면 원래와 조금 다른 상태로 또 다른 평형을 찾아갈 수 있을 테니 너무 걱정하지 않아도 된답니다.

실제로 여러 종류의 미생물을 이용해 기름으로 오염된 곳을 정화하였다는 연구들이 있습니다. 그렇지만 대부분의 기름 유출 사고는 어마어마한 양으로 오염되기 때문에 인위적으로 미생물을 이용하여 정화를 하기에는 많은 시간이 필요합니다. 자연 생태계에 존재하는 미생물들에 의한 것에 비하면 정화량이 매우 미미하니 자연의 정화 능력은 과연 놀랍다고 할 수 있지요.

그러나 그것도 오염 물질의 양이 자정 작용 능력 범위 안에 있을 때의 이야기입니다. 오염 물질이 그 범위를 넘어서면 자정 작용으로도 정화될 수 없고 이로 인해 생태계가 파괴됩니다. 그래서 사람들은 환경 오염 문제를 해결할 다른 방법을 찾기도 합니다.

환경 오염 문제를 해결하는 방법 중에는 피해만 준다고 여겨졌던 것을 생활에 이용하는 경우도 있지요. 대표적인 예로, 상한 통조림에서 자라는 '보툴리눔'이라는 세균 속의 맹독을 들 수 있습니다. 이 맹독의 다른 이름은 여러분도 들어보았을 '보톡스'입니다. 이 맹독은 1g만으로도 100만 명 이상을 죽일 수 있다고 해요. 사람들은 이 독을 아주 적은 양만 사용하여 주름살을 펴기도 하고, 사시(양쪽 눈의 시선이 평행하지 않은 상태)를 교정하는 데 쓰기도 합니다.

생물 농축의 이용

생물 농축 현상도 그 피해를 예상하여 농축의 원리를 오염 물질의 제거에 이용할 수 있습니다. 생태계에 존재하는 식물들을 조사한 결과, 자연적으로 오염 물질을 제거하는 식물이 400여 종이나 된다고 합니다. 그중에서도 오염 물질 제거의 대표적인 식물로는 우라늄과 납을 흡수하는 해바라기가 있습니다.

1986년 구소련에서는 체르노빌 원자력 발전소가 붕괴되는 사고가 있었습니다. 원자력 발전소가 붕괴되면 그 속에 있던 방사성 물질이 외부로 노출되어 암 유발 등의 심각한 피해를 입힐 수 있습니다.

그래서 사고가 난 후에 체르노빌 발전소의 주변 마을인 프리피야트와 야노프 등 인근 75개 마을 주민들이 대피하였고, 러시아와 벨로루스 등 인근 나라까지 피해를 입었습니다. 현재까지도 이곳에는 사람이 살지 않고 재난과 재해의 교훈을 위해 관광지로만 이용되고 있습니다.

이렇게 심각한 피해를 입히는 방사성 물질을 제거하기 위해 붕괴된 원자력 발전소 주변에 '해바라기 부도'를 설치하였습니다. 부도란 '떠 있는 식물 섬'이라는 뜻으로, 연못이나 호수 등에 식물을 심은 정화 장치를 말합니다. 연못에 녹아 있는 방사성 물질을 해바라기의 줄기와 뿌리로 흡수하도록 한 것이지요. 일정 시간이 지난 후에 주기적으로 해바라기를 교체함으로써 연못물을 정화하도록 한 것입니다.

해바라기 부도는 마치 스펀지와 같은 역할을 하여 뿌리는 방사성 세슘을 흡수하고, 줄기에 방사성 스트론튬을 저장합니다. 실제로 해바라기 부도를 설치하고 2주 후에 연못을 조사했더니 많은 양의 연못물이 정화되었다고 합니다.

해바라기 부도

그리고 인도 겨자(Indian mustard)는 방사성 세슘이나 방사성 스트론튬으로 오염된 토양을 정화하는 데 효과적이라고 알려져 있습니다. 인도 겨자는 중금속이나 기타 독성 물질로 오염된 물이나 토양을 정화하기 위해 세계 여러 나라에서 이용하고 있는 식물입니다.

이외에도 유채는 방사능 오염 물질을 제거하는 데 효과적이며, 고사리는 비소(As)를 빨아들이는 효과가 있다고 해요. 또한 고비나 쇠뜨기 등은 아연을, 겨자는 납을, 클로버는 기름을 제거하는 데 쓰이며, 목초용 풀이나 호밀은 납과 카드

묾을 잘 흡수하는 것으로 알려져 있지요.

이렇듯 중금속을 잘 흡수하고 내성이 강한 종류의 식물을 이용하여 수질 오염과 대기 오염을 줄이고, 가로수로 이용하여 중금속에 의한 오염을 줄이는 방법이 끊임없이 연구되고 있답니다.

또한 자연적으로 발생하는 식물 이외에도 중금속을 잘 흡수할 수 있도록 유전자 조작을 한 식물을 개발하기도 합니다. 이렇게 유전자 조작을 통해 만들어진 식물들은 특정 식물의 독성 물질을 흡수하여 저장하거나 독성 물질을 무독화시킵니다. 그리고 식물의 뿌리에 있는 세균이나 곰팡이가 일부 화학 물질을 분해시키는 데 도움이 되기도 하지요.

유전자가 조작된 포플러나무의 뿌리는 드라이클리닝에 사

고사리

겨자

클로버

용되었던 세척제 중의 하나인 TCE(trichloroethylene)를 95% 정도 정화하는 것으로 알려져 있습니다.

과학자의 비밀노트

TCE(trichloroethylen)

우수한 세척 능력이 있어 드라이클리닝, 금속 산업의 세정 용매 등으로 널리 사용되고 있다. 휘발성이 매우 강하고 고농도로 사용하여 사람에게 흡수되었을 경우 암을 유발할 가능성이 있다. 또한 잘 분해되지 않아 한 번 오염되면 정화하는 데 많은 시간과 비용이 든다.

특히 포플러나무는 무성 생식(암수 교배 없이 이루어지는 생식)이 용이하고, 안정적으로 품종을 유지할 수 있어 오염 물질 제거 식물로 많이 이용되고 있습니다. 또한, 성숙한 포플러의 경우 토양에 내리쬐는 햇빛을 차단하면서 땅속으로 넓고 깊게 뻗은 뿌리가 각종 유기물을 끌어모아 오염 물질을 제거하는 미생물이 잘 자랄 수 있는 환경을 조성하므로 일거양득의 효과까지 기대할 수 있지요.

산업이 발달하고 인구가 증가함에 따라 오염 물질의 종류와 양은 계속해서 증가하고 있습니다. 특히, 이러한 오염 물질이 강과 바다의 물을 오염시킴으로써 생활에 나쁜 영향을

포플러나무

미치고 있지요. 가정에서 배출되는 생활 하수는 물론 자동차와 공장 굴뚝에서 나오는 매연, 가스 등이 빗물에 녹아들고, 살포한 농약이나 비료, 공장 폐수, 발전소 폐수, 쓰레기로부터 흘러나오는 오염된 물, 가축의 배설물 등이 강으로 흘러 들어가거나 지하수를 오염시킵니다.

그 속에 포함되어 있는 다양한 화학 물질들이 생물 농축 현상을 일으켜 결국 그 피해가 사람에게 돌아오게 되지요. 그러므로 우리의 자원을 올바르게 사용함으로써 생태계에 피해를 주지 않도록 해야 할 것입니다.

인과응보(因果應報)라는 말을 알고 있나요? 좋은 일에는 좋은 결과가, 나쁜 일에는 나쁜 결과가 따른다는 뜻의 사자성

어입니다. 우리가 먼저 자연을 아끼고 보호해야 자연도 우리에게 좋은 결과물을 줄 수 있답니다. 여러분 중에서 우리의 아름다운 자연 환경이 사라지길 원하는 사람은 한 명도 없겠지요? 그런 의미에서 수업을 끝내기 전에 약속합시다. 아름다운 자연 환경을 위해서 나부터 환경 지킴이가 되겠다고요. 자, 약속!

만화로 본문 읽기

선생님, 환경 호르몬이 무엇인가요?
환경 호르몬은 외부 환경으로부터 우리 몸에 들어와서 정상 호르몬 기능에 변화를 주는 물질입니다. 그래서 내분비 기관이 제 기능을 못하도록 하지요.
요즘 환경 호르몬에 의한 피해가….

환경 호르몬은 농약뿐만 아니라 산업용으로 사용되는 많은 화학 물질이나 일부 식품 첨가물 중에 포함되어 있어요.
환경 호르몬의 종류와 특징을 설명해 주세요.
농약
산업용 화학물
식품 첨가제

'다이옥신'이라는 독성이 매우 강한 환경 호르몬은 물과 토양을 오염시키고 오염된 토양에서 자란 채소나 풀을 먹은 가축을 통해 인체에까지 침투하고 또 호흡을 통해서도 침투하지요.
그렇군요.
숨 쉬기가 힘들어….

또한 투명한 플라스틱 용기를 만들 때 주로 쓰이는 폴리카보네이트라는 소재는 열을 받으면 '비스페놀 A'라는 환경 호르몬을 방출한답니다.
유해 물질을 손쉽게 제거할 수는 없나요?
열
비스페놀 A
폴리카보네이트 소재

생태계가 스스로 정화하는 능력을 자정 작용이라고 하는데 자정 작용에는 바람, 비, 공기뿐만 아니라 박테리아, 곰팡이 등의 미생물이 가장 큰 기여를 한답니다.
자정 작용을 하는데 왜 생태계가 오염이 되는 것이죠?
자정 작용
자정 작용
박테리아 곰팡이

오염 물질이 자정 작용 능력 범위 안에 있을 때는 가능하지만 그 범위를 넘어서면 자정 작용으로도 정화될 수 없기 때문에 생태계가 오염되는 것이지요.
그래서 자연을 사랑하고, 보호해야 하는 것이군요!
나무야 사랑해~

부록

과학자 소개
과학 연대표
체크, 핵심 내용
이슈, 현대 과학
찾아보기

과학자 소개

환경 운동의 어머니 레이첼 카슨Rachel Carlson, 1907~1964

미국의 해양생물학자이며 과학 작가이자 지구 환경 운동가인 카슨은 미국 메릴랜드의 존스 홉킨스 대학에서 해양생물학 석사를 받고 미국 연방 정부의 어류 및 야생 동물 관리국에서 일을 하였습니다.

그러던 중 1941년에 해양의 자연사에 관한 책인 《해풍 아래》라는 책을 출간하였습니다. 다소 딱딱할 수 있는 과학적인 주제를 섬세하게 시적으로 표현하여 그 당시 많은 독자의 흥미를 끌었습니다.

1951년에는 바다의 기원과 지질학적 관점을 탐구하는 카슨의 두 번째 저서인 《우리 주위의 바다》가 출간되었습니다.

이 책은 20만부 이상이 판매되어 베스트셀러에 이름을 올렸습니다. 1956년에는 세 번째 저서《바다의 위기》를 출간하였습니다.

이처럼 여러 권의 책을 출간하여 전업 과학 작가로서 활동하던 카슨은 1956년 이후 합성 살충제의 문제에 대해서 본격적으로 관심을 가지기 시작하여 1962년에는《침묵의 봄》이라는 책을 출간하였습니다.

이 책에서 카슨은 DDT와 같은 살충제가 생물체 내에 축적되어 여러 생물과 함께 인간에게도 커다란 피해를 준다는 것을 경고하며 정부를 포함한 많은 기관과 사람들로부터 지지를 얻었습니다.

이 책에서 제기된 환경 오염에 대한 논쟁은 미국에서 1969년 국가환경정책법을 제정하는 계기가 되었으며, 그녀는 미국의 시사 잡지인 〈타임〉지가 선정한 '20세기 중요 인물 100명' 가운데 꼽히기도 했습니다.

과학 연대표

언제, 무슨 일이?

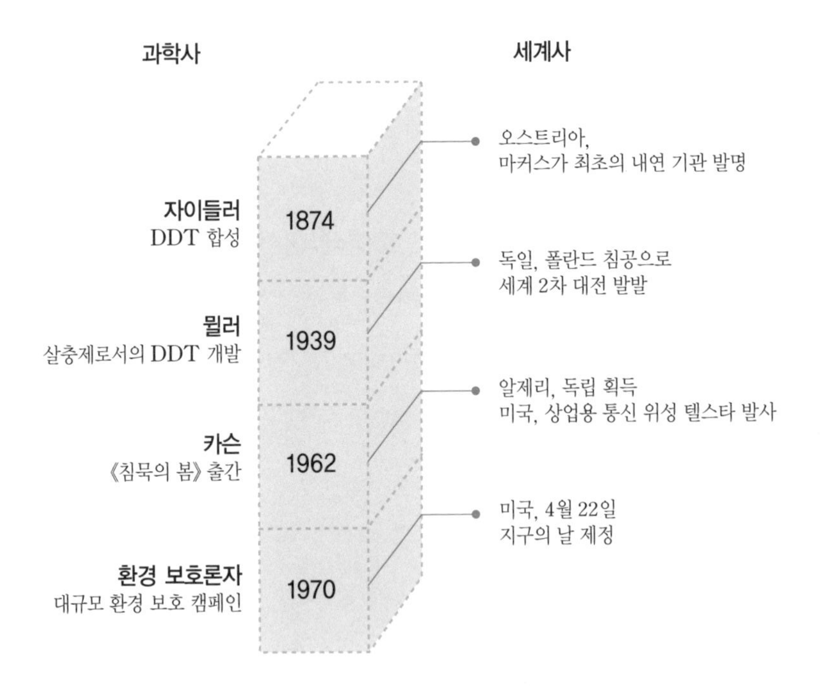

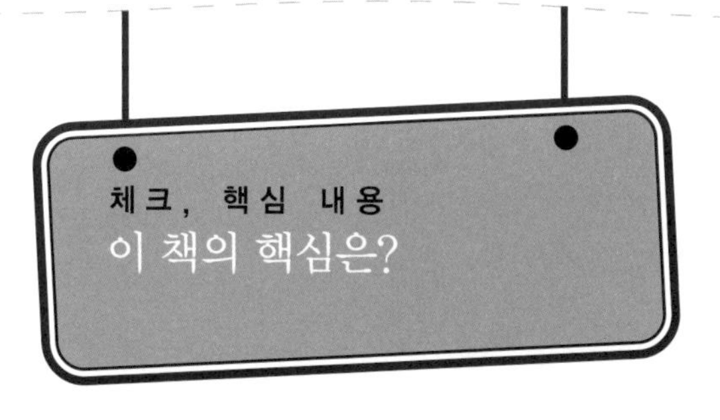

1. 갈매기의 몸속에 축적되어 갈매기 알이 부화하지 못하게 하는 원인은 살충제인 □□□입니다.
2. 동식물의 먹고 먹히는 관계를 사슬 모양으로 나타낸 것을 □□ □□이라고 합니다.
3. 1962년 카슨이 쓴 책으로 환경 운동의 시발점이 된 것은 □□□□입니다.
4. 영양 단계가 낮은 녹색 식물인 생산자를 밑변으로 하고 1차 소비자(초식 동물), 2차 소비자(육식 동물)를 영양 단계별로 생물량을 쌓아 올린 것을 생체량 □□□□라고 합니다.
5. 일본의 한 마을에서 카드뮴 중독에 의해 나타난 질병의 이름은 □□□□□□병입니다.
6. 외부 환경으로부터 우리 몸에 들어와 호르몬의 기능을 방해하여 인체의 기능에 영향을 미치는 물질을 □□ □□□이라고 합니다.
7. 자연 생태계에서 오염 물질이 스스로 정화되는 능력을 □□ □□이라고 합니다.

1. DDT 2. 먹이 사슬 3. 침묵의 봄 4. 피라미드 5. 이타이이타이 6. 환경 호르몬 7. 자정 작용

이슈, 현대 과학

생물을 이용한 환경 오염 물질 처리 기술 개발

현재 지구는 인구 증가와 도시화, 산업화에 의한 오염 물질의 대량 발생으로 토양, 물 그리고 대기 환경이 급속히 악화되었습니다. 환경 오염을 유발하는 물질에는 플라스틱과 같이 생물학적 분해가 되지 않는 물질과 생명체에 흡수되었을 때 치명적인 중금속, 음식 쓰레기, 폐수 등이 있습니다.

환경 오염에 대처하는 방법으로는 오염된 환경을 복원시키는 '정화 기술(remediation)'과 오염 가능성이 있는 물질을 미연에 방지하기 위해 대체 재료를 이용하는 '예방 기술(prevention)'이 있습니다. 그런데 오염된 토양이나 물을 복원하기 위해 사용되는 물리적, 화학적 정화 기술은 많은 비용이 들고, 그 자체가 환경 파괴 요소를 가지고 있어 문제가 되고 있습니다.

이러한 문제를 해결할 수 있는 친환경적인 접근 방법인 생물학적 정화 기술은 세균과 곰팡이 등의 미생물과 식물, 효소를 이용한 생물 정화(bioremediation) 기술입니다.

생물 정화란 환경에 쉽게 적응하고 2차 환경 오염의 발생 물질이 적은 미생물을 이용하여 독성 화합물과 유해 폐기물에서 발생하는 유해 물질을 제거, 감소, 변형시키는 과정을 말합니다.

생물 정화 기술은 엑손 발데즈(Exxon valdez) 유조선 사고 후 원유로 오염된 바닷물과 해안 지역의 정화를 위해 미국 환경보호청(EPA)과 엑손사가 생물학적 처리 기술을 도입함으로써 많은 관심과 주목을 끌게 되었습니다.

현재는 미생물뿐만 아니라 식물의 뿌리나 줄기 등을 이용한 '식물 정화(phytoremediation)'에 대한 연구가 활발히 진행되고 있습니다. 식물에 흡수된 오염 물질은 식물 체내에 있는 균과 미생물의 의해 스스로 분해되기도 하고, 식물 체내에 흡수되어 농축된 경우에는 식물을 제거하여 오염 물질을 없애기도 합니다.

찾아보기

어디에 어떤 내용이?